CHINA ARCHITECTURAL EDUCATION

2013年　　2013（总第6册）

主管单位：中华人民共和国住房和城乡建设部
　　　　　中华人民共和国教育部
主办单位：全国高等学校建筑学学科专业指导委员会
　　　　　全国高等学校建筑学专业教育评估委员会
　　　　　中国建筑学会
　　　　　中国建筑工业出版社
协办单位：清华大学建筑学院　　　　同济大学建筑与城规学院
　　　　　东南大学建筑学院　　　　天津大学建筑学院
　　　　　华南理工大学建筑学院　　重庆大学建筑与城规学院
　　　　　西安建筑科技大学建筑学院　哈尔滨工业大学建筑学院

顾　　问：（以姓氏笔画为序）
　　　　　齐　康　关肇邺　李道增　吴良镛　何镜堂　张祖刚　张锦秋
　　　　　周干峙　郑时龄　钟训正　彭一刚　鲍家声　戴复东
社　　长：沈元勤
主　　编：仲德崑
执行主编：李　东
主编助理：屠苏南

编辑部
主　　任：李　东
实习编辑：陈海娇
特邀编辑：（以姓氏笔画为序）
　　　　　王　蔚　王方戟　邓智勇　史永高　冯　江　李旭佳　张　利
　　　　　张　彤　陈　静　顾红男　郭红雨　黄　瓴　黄　勇　萧红颜
　　　　　魏泽松　魏皓严
装帧设计：编辑部
平面设计：边　琨
营销编辑：柳　涛
版式制作：北京嘉泰利德公司制版

编委会主任：仲德崑　秦佑国　周　畅　沈元勤
编委会委员：（以姓氏笔画为序）
　　　　　丁沃沃　马清运　王　竹　毛　刚　王伯伟　王建国　王洪礼
　　　　　孔宇航　吕　舟　吕品晶　朱　玲　朱小地　朱文一　仲德崑
　　　　　刘　甦　刘　塨　刘克成　汤羽扬　孙一民　孙　澄　李子萍
　　　　　李兴钢　李志民　李岳岩　李保峰　李晓峰　时　匡　吴长福
　　　　　吴庆洲　吴志强　吴英凡　沈　迪　沈中伟　张　颀　张玉坤
　　　　　张成龙　张兴国　张伶伶　张珊珊　陆　伟　陈　薇　陈伯超
　　　　　陈梦驹　邵韦平　周　畅　周若祁　单　军　孟建民　赵　辰
　　　　　赵万民　赵红红　饶小军　秦佑国　莫天伟　桂学文　夏铸九
　　　　　顾大庆　徐　雷　徐行川　凌世德　唐玉恩　黄　耘　黄　薇
　　　　　曹亮功　龚　恺　常　青　常志刚　崔　恺　梁　雪　梁应添
　　　　　韩冬青　覃　力　曾　坚　潘国泰　魏宏杨　魏春雨
海外编委：张永和　赖德霖（美）　黄绯斐（德）　王才强（新）　何晓昕（英）

编　　辑：《中国建筑教育》编辑部
地　　址：北京海淀区三里河路9号　中国建筑工业出版社　邮编：100037
电　　话：010-58933415　　010-58933813　　010-58933828
传　　真：010-68319339
投稿邮箱：2822667140@qq.com

出　　版：中国建筑工业出版社
发　　行：中国建筑工业出版社
法律顾问：唐　玮

CHINA ARCHITECTURAL EDUCATION
Consultants:
Qi Kang　Guan Zhaoye　Li Daozeng　Wu Liangyong　He Jingtang
Zhang Zugang　Zhang Jinqiu　Zhou Ganzhi　Zheng Shiling
Zhong Xunzheng　Peng Yigang　Bao Jiasheng　Dai Fudong

President:　　　　　　　　Director:
Shen Yuanqin　　　　　　Zhong Dekun　Qin Youguo　Zhou Chang　Shen Yuanqin

Editor-in-Chief:　　　　　Editoral Staff:
Zhong Dekun　　　　　　Chen Haijiao

Deputy Editor-in-Chief:　Sponsor:
Li Dong　　　　　　　　China Architecture & Building Press

图书在版编目（CIP）数据

中国建筑教育.第6册/《中国建筑教育》编辑部编.—北京：中国
建筑工业出版社，2013.10
ISBN 978-7-112-15857-7

I.①中… II.①中… III.①建筑学-教育-研究-中国　IV.①TU-4

中国版本图书馆CIP数据核字（2013）第219440号

开本：880×1230毫米 1/16　印张：7¾
2013年10月第一版　2013年10月第一次印刷
定价：25.00元
ISBN 978-7-112-15857-7
　　　　（24621）

中国建筑工业出版社出版、发行（北京西郊百万庄）
各地新华书店、建筑书店经销
北京画中画印刷有限公司印刷

本社网址：http://www.cabp.com.cn
网上书店：http://www.china-building.com.cn
本社淘宝店：http://zgjzgycbs.tmall.com
博库书城：http://www.bookuu.com

目录

主编寄语

专栏 文化传承与设计创新教学研究

05 跨越历史、现实、未来的设计设题的教学意义 / 陈薇 是霏

13 浅谈西北生土窑洞居住环境改造设计公益活动之教学实践 / 邱晓葵 刘彤昊

25 基于历史环境再生视野的建筑设计思维教学研究 / 汪丽君

32 历史文化遗产保护课程建设探索与思考
——重庆大学历史文化遗产保护教育体系建设成果总结 / 陈蔚 邱小玲

建筑设计研究与教学

41 围绕体育活动的山地建筑课程设计教学
——以日本建筑新人战获奖作品为例 / 王桢栋 谢振宇

47 设计教学的过程性 / 张孝廉 侯旭龙 张伶伶

52 承上启下——建筑学专业一、二年级设计课衔接问题的探讨 / 徐蕾 张敏 刘力

联合教学

56 触点激发与系统生成——东南大学建筑学院与美国伍德布瑞大学
建筑学院联合设计教学回顾 / 王海宁 张彤 史永高

67 建造模式的选择及其意义
——关于东南大学（SEU）-苏黎世高工（ETH）"紧急建造"联合教学的思考 / 李海清

72 哈尔滨工业大学短期国际联合设计教学实践 / 徐洪澎 吴健梅 李国友

82 天津大学国际联合教学中的可持续建筑设计专题 / 杨崴 贡小雷 孙璐

89 过程——模拟——介入
——以 Processing 工具为基础的开放性设计教学实践 / 盛强 苑思楠 Jordan A·Kanter

众议 关于读书

95 丁沃沃 / 郭红雨 / 魏皓严 / 冯果川 / 青锋 / 刘晓光 / 裘知 / 何莹莹 / 刘诗芸

书评

110 喜读《建筑第一课——建筑学新生专业入门指南》 / 单德启

111 建筑·《设计的开始》 / 李鸽

112 《全国高校建筑学与环境艺术设计专业美术系列教材》导读 / 全国高等学校建筑学专业指导
委员会建筑美术教学工作委员会

114 教材导读

编辑手记

EDITORIAL

THEME   TEACHING RESEARCH ON CULTURAL HERITAGE AND DESIGN INNOVATION
05   The Teaching Significance of the Design Topic on the Cross-Over of History, Reality and Future
13   The Teaching Practice about a Public Welfare Activity of the Renovation Design on the Living
        Environment of Loess Cave Dwellings in the Northwest of China
25   Teaching Research on Architecture Design Thinking Based on View of the Historical
        Environment Regeneration
32   Cultural Heritage Conservation Course Construction in Chongqing University

ARCHITECTURAL DESIGN RESEARCH AND TEACHING
41   The Mountainous Region Architecture Design Course Focus on Sports Activities
        ——A Case Study of the Rookiesz Award for Architectural Students
47   The Process of Design Teaching
52   A Connecting Link Between the Preceding and the Following
        ——The Study of Cohesion of Architectural Design Courses in the First Grade and Second Grade

JOINT TEACHING
56   Catalytic Intervention and Systematic Emergence
        ——Joint Teaching Studio of Architecture Design, Southeast University, China and Woodbury University, the U.S.
67   The Selection and Significance of Building Mode Reviewing and Thinking about the Joint Teaching on "Urgent
        Construction" Between SEU and ETH
72   Short-term International Joint Design Workshops in Harbin Institute of Technology
82   Sustainable Designing Methods in International Joint Studio of Architectural Design
89   Process-Simulation-Intervention
        ——An Open-ended Design Studio Based on Processing Software

TOPIC ON EDUCATION
95   Ding Wowo/Guo Hongyu/Wei Haoyan/Feng Guochuan/Qing Feng/Liu Xiaoguang/Qiu Zhi/He Yingying/Liu Shiyun

BOOK REVIEWS
110   Gladly Read the First Lesson of Architecture: A Professional Getting Started Guide for Architecture Freshmen
111   Architecture · the Beginning of Design
112   Reviews of National Collage Architecture and Environmental Art Design on Art Series of Textbooks

114   GUIDE TO TEXTBOOKS

EDITORIAL NOTES

主编寄语

《中国建筑教育》第六期即将和大家见面了。每期杂志付印之前，编辑部都会要我写一段"主编寄语"。而这一次，在抚摸键盘之前，当我浏览本期的校样稿的时候，却油然产生些许兴奋，些许感触。

这期的专栏，主题是"文化传承与设计创新教学研究"。4篇论文，可以看到作者们在传统体系的延续中寻求创新的思考、努力和实践。

本期的"建筑设计研究与教学"栏目，发表了3篇论文。论文的作者，从不同的角度探讨了建筑设计教学过程中所进行的深入研究，把教学和教学研究紧密结合起来。我始终认为，作为教师，教学研究是科学研究的重要组成部分，同样应该纳入教师的业绩考察之中。

今年初，中国建筑学会建筑评估理事会举办了全国高校联合教学交流和展览活动，配合这一活动，本刊在"联合教学"栏目，发表了几个学校总结近年来国内外联合教学的做法和经验的5篇文章，读来十分深厚扎实。

这期的"众议"栏目主题是"关于读书"，老师和学生共同发表观点，读来十分生动。"书评"和"教材导读"栏目，内容十分丰富。

浏览了这期杂志，我深深感受到全国的建筑院校的教师们对于建筑教育的热心和执着，大家在研究教学，在努力创新，在不断探索。那么，《中国建筑教育》正应该为大家提供一方建筑教育研究、创新、探索的交流园地。由此，我感到本编辑部和我本人责任的重大。

本期杂志出版之前，本刊的编辑部已经有了新的发展。中国建筑工业出版社期刊年鉴中心成立了专设的《中国建筑教育》编辑部，聘用了专职的编辑人员，各校也在经费上给予了很大的支持。这些都为本刊的发展壮大，提供了基础和前提。我想，《中国建筑教育》应该开始进入一个高速发展的时期了。

几乎与此同时，我从担任了13年的全国高等学校建筑学专业指导委员会主任的位置上卸任，但我在一段时间内将继续担任《中国建筑教育》主编的工作。今后，我将会有更多的时间和精力投入《中国建筑教育》的工作。

实际上，《中国建筑教育》在前一段时间试运行的阶段中，已经取得了很好的成绩，东南大学、天津大学等一批学校已经把它列入核心期刊。因此，它完全有理由成为一份中国建筑教育界重要的学术期刊。

2012年，建筑学、城乡规划学、风景园林学已经正式成为三个独立的一级学科。但是，我们认为，建筑学、城乡规划学、风景园林学是一个学科群，或者说，它们是共同构成广义建筑学的三驾马车。它们在教育上的问题是共同的，它们在教学过程中的研究和探索应该进行交流和分享。我们将继续从这一角度出发，把本刊办成三个一级学科共同的教学交流与研究的平台。因此，欢迎三个一级学科的院校和教师，共同来关心、支持《中国建筑教育》的成长和壮大。

仲德崑

2013年9月16日

于南京半山灯庐

跨越历史、现实、未来的设计设题的教学意义

陈薇　是霏

The Teaching Significance of the Design Topic on the Cross-Over of History, Reality and Future

■摘要：建筑设计设题表达了教师对设计教学目的的思考和研究，对学生培养目标的认识和操作，以及对教学过程的把握和判断。本文以东南大学四年级的一个课程设计内容为切入点，从任务书、方案、意义和结果四个方面，阐述关于设计设题的教学意义的探索，提出"跨越历史、现实、未来的设计设题，"是一种意识和概念，更是当代设计教学的一种需求。
■关键词：设计设题　教学意义　跨越意识

Abstract：The architecture design topic is usually worth teachers doing of that, thinking and making research for the teaching objectives, understanding and doing operation for the training students, and being control and judgment for the teaching steps. This paper tries to find the teaching significance from the architecture design assignment, students' projects, teaching aims and results, and as the case of the architecture design course in fourth school year in the Southeast University. Author gives such a view that the design topic on the Cross-Over of History, Reality and Future, is not only the contemporary idea, but also the need of the design teaching today.
Keywords：Design Topic；the Teaching Significance；Idea of the Cross-Over

　　东南大学建筑学院四年级设计教学实行教授设计工作室制度已十余年，其最大特点是发挥教授工作经验比较丰富的特长，以使学生获得多元又深入的设计专业学习，"引领着学生从学习知识到运用知识创新的转变，建立起'设计的研究、研究的设计'观念"[1]。学生可以按大类（城市设计类、住区设计类、大型公建类、学科交叉类）选项，同时遵照学院对于系统控制下的双向选择安排。在这门课程中，我们有时承担学科交叉类的设计教学，以培养学生运用跨学科的知识解决复杂设计问题的能力为目标。

　　由于我们的研究专长是建筑历史与遗产保护，所以设题基本定位在历史遗产保护与城

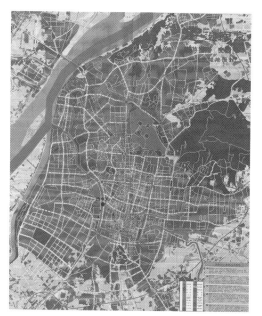

图1 南京西水关区位图

东水关观北

图3 西水关城市设计用地范围

图2 南京东、西水关照片

已消失的西水关

市或建筑设计交叉方面。另一方面，城市发展进程中的遗产保护，也是当代面临的重要研究课题和实际问题。选择此类题目，特点之一是学科交叉内容多，特点之二是矛盾和问题复杂，所以对于四年级学生的专业素质和能力培养，是重要一环。本文选择"当消失生逢再现——南京西水关地段城市设计"进行研讨，以阐述对于此类设计的探索，和其在建筑设计教学中的意义。

设置：任务书

四年级课程设计第二阶段：学科交叉类（2010.11.18～2011.01.15）
题目：当消失生逢再现——南京西水关地段城市设计
指导教师：陈薇教授 辅导教师：是霏

1 背景介绍：

南京西水关地段是内秦淮河西端和南京老城西界及外秦淮河相连接的特殊地段（图1）。旧有内秦淮河与外秦淮河连接并穿越城墙，称为西水关，与东水关对应（图2），是城市水路内外连通及与城墙和城市密切联系的特殊大型工程建筑，旧时其北为三山门。它们共同构成南京历史城市的特殊地段，为此次设计的红线范围（图3）。

西水关由于历史原因已从南京城市消失了，一侧为南京城西干道高架。随着南京城墙保护与利用的逐步深化，以及内秦淮河西五华里的整治渐入佳境，西水关这个消失的建筑，在当今这个特殊地段有着特别的情感需求和再现的意向，因此当消失后生逢再现成为可能时，南京西水关地段的城市设计便是一项有探讨意味、挖掘可能、再现理解，同时有现实意义的课题。

选题立意：

(1) 建立史观：对消失的历史建筑和历史城市的了解，有助于正确理解特殊地段城市设计的基本理念；

(2) 了解当下：对生逢的相关事件和时代背景认识，是进行城市设计过程和进行判断的客观把握和要求；

(3) 设计创新：对再现的多元理解和手法多解，是挖掘学生创新潜力和发挥设计创造能力的挑战因素。

课程目标：

(1) 建立跨学科的知识认识结构和综合解决问题的能力，相关有：遗产、水工、建筑、城市等；

(2) 了解历史作为城市活态的存在方式和流动过程，跨越有：过去、现在、未来；

(3) 掌握城市设计的基本方法和手法，及意念和观念的表达，要求有：物质形态和非物质形态的穿梭。

对学生的要求：

(1) 投入、有热情，对选题热爱；

(2) 有比较深厚的人文基础和比较强的专业能力；

(3) 有团结合作精神和协作能力。

具体要求：

完成零号图版若干块，内容包括：策划与概念表达；分析图（交通、功能、景观、视线、结构、水体与水工等）；总平面图与表现图、模型或动画；建筑平面图、局部放大与透视等。

进度大致安排：

第一周：介绍题目、分组、现场调研；

第二周：场地分析，查找资料，案例学习，形成初步概念；

第三周：深化概念，形成总图；

第四周：推敲方案，中期汇报；

第五周：各人深化具体方案，每人提出相关图纸；

第六周：定稿，绘图及完成相关工作；

第七周：继续完成绘图及进行排版；

第八周：完成最后工作，打图，准备答辩。

2 设计：方案

方案一：城墙——从坍圮到重生（学生：李铖 单思远 冯卓箐）（图4、图5、图6）

经过对西水关地段的历史与现状分析，这一方案认为，在这个城市边缘地带，消失的城墙是最为重要的历史因素，是时间旅程赋予此段最为深刻的集体记忆。因此，方案选取城墙作为城市设计的出发点。

而在城市高架与快速道路穿越，内外秦淮水系交汇的基地上，依照原样恢复曾经屹立的城墙显然不合时宜，因而，方案尝试用设计来表达时间的跨越，再现城墙意象。具体做法是：以城砖模数构成网格体系，控制功能模块，将场地内的各个要素统一起来，并创造跌落的城墙形象，表达城墙倒塌情景的集体记忆；以一段新材料构筑的城墙体量，界分历史上的城内城外，向内延续人文，向外呼应自然，实现由人文到自然的过渡。这样，在延续城南街巷肌理的同时，城墙以坍塌渐变的形态围合出场地的各个公共活动空间，重塑有机的外部活力空间网。秦淮换乘点、城市展览馆、传统工坊商业及遗址公园等功能的设定，则为场地再现繁荣奠定物质基础。

面对场地较为复杂的交通现状，方案采取将地面快速道路绕行至场地西侧以外，城市高架道路入口向南延长，使快速路与场地在竖向上分离的操作方法，让场地避免被城市快

消失的要素	过去的功能	现在的需求	态度
城墙	防卫 内城边界	历史记忆	以新手法再现 城墙并置入新 功能
水关	过船 控制水位	控制水位 历史记忆	设立水闸 闸关分离
避风港	泊船	泊船 景观要素	以水湾再现避 风港意象
瓮城	防卫 内城出入口	历史记忆	基于现实因素 予以保护
秦淮沿岸文化	居住 贸易	旅游 文化	延续肌理 置入新功能

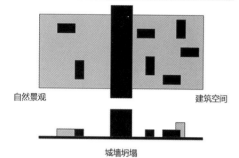

图 4 学生设计方案一（1）

图 7 学生设计方案二（1）

图 8 学生设计方案二（2）

图 5 学生设计方案一（2）

图 6 学生设计方案一（3）

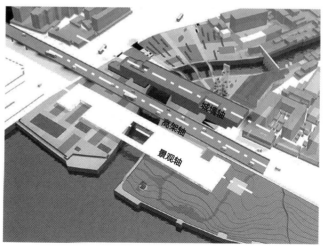

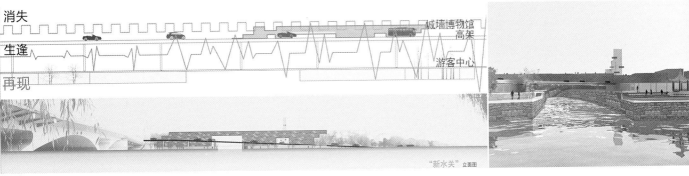

消失
生逢
再现

城墙博物馆
高架

游客中心

"新水关"立面图

图9　学生设计方案二（3）

速交通直接穿越。

  方案二：消失·生逢·再现（学生：夏慕蓉　纪小丹　刘博　周赟）（图7、图8、图9）

  这一方案则更为注重场地在城市整体发展中的定位，将其视作秦淮文化展现的重要节点，从城南地块整体提升的角度提出在此"缝补"断档的旅游氛围。从昔日的城南西界，内外秦淮繁荣的水路交通汇流于此，到当下的城市高架与快速道路穿行其间，方案尝试深入挖掘、再现与场所相关联却又已然消失的种种景物，以此串联起城南的历史、秦淮的文化、城墙的记忆、水关的繁华，尽可能将旧事、旧景与沿河的历史地图上保留的相关遗迹整合起来，形成整体大于局部的场景效果，向人们传递尽可能多的历史人文信息，实现时间与空间的跨越。

  方案利用城墙轴、高架轴、景观轴三条由内而外并列的轴线，还原消失的水关，美化现存的高架，结合绿化景观的设计来展现地下遗址，并将瓮城形象、"楼怀孙楚"（原有景点）、沿秦淮河的河房建筑肌理、外秦淮河畔的赏心亭等，用新的材料、新的建造手段进行再现，创造新的西水关地段，让时间留下的若干印记在这里叠加，将过去和现在的氛围彼此融合。

  方案三：浪扣故关（学生：曾宇杰　陈宏　黄尧尧　邱黎阳）（图10、图11）

  消失的城墙，当下的道路，改变的水系，三者在西水关地段碰撞，既是场地现状纷乱的原因，也是其特色所在。方案在处理这一城市边缘地带时，试图从重新梳理这三者的关系出发，寻求三套体系的共同提升，展现城市新水关的意象。

  原址部分重建三山门瓮城，将消失的城墙体系重现；通过水系梳理形成冲击景观岛，强调两河在此交汇的意象；面对快速道路割裂场地的现状，大胆地提出将城市高架下穿，还原场地应有的整体性和宁静氛围。对城、水、路三套体系的处理策略构成了地块设计的主要结构，形成以环岛中心为核心节点的空间层次，以中心高塔作为新水关视线通廊上的形象标志，同时又组织起围绕在周围的瓮城商业区、城外野生绿地区、城内活动景观区等功能，以城、水、路三者体系的共生达成空间的跨越。

  方案四：行舟秦淮忆古城（学生：许文涛　张霓　呼延彬玉）（图12、图13、图14）

  昔日的西水关，入城的重要水道，舟楫往来的繁华盛景正是最具特色之处，而三山门瓮城亦以船形闻名。因此，方案希望用"船"的形象来强化场地特色，重现场地活力。而通过对南京总体规划定位和周边用地性质的分析，在周边用地64.7%用于居住区的情况下，方案选择定位为社区级别的城市广场，充分还原生态绿化的市民活动空间。

  方案利用船只、水巷、弧形的瓮城城墙、桥、码头等元素构建了码头之船、历史之船、展示之船和休闲之船。通过利用新材料对城墙和瓮城的再现，以及码头之中动态的船和场地之上静态的"船"的设定，以船之形象融合时间与空间的跨越。应场地和水系改造的需求，将原本穿越场地的快速道路截断，而在场地南侧提出增设道路和桥梁来疏解交通的策略，同时将高架入口移以减轻对场地内部的干扰，从而完善场地内部服务于居民和游客的水陆交通。

3　意义：跨越

  通过以上任务书和设计方案介绍，可以从教与学的互动中进一步理解在设置交叉学科的四年级设计课程时，尤其是开展和建筑历史与理论、遗产保护相关的多学科知识综合运用时，我们思考的主要有三点：一是大的历史观，能够从历史、现状、未来的关系中研究设计

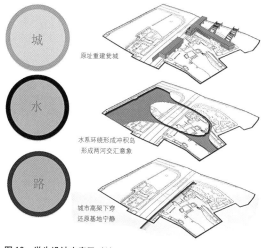

城
水
路

原址重建瓮城

水系环绕形成冲积岛
形成两河交汇意象

城市高架下穿
还原基地宁静

图10 学生设计方案三（1）

城外透视

图11 学生设计方案三（2）

问题，而不是简单地从建筑史、城市史或传统建筑中吸取片面的语言、结构、符号等；二是能够面对历史留下的现实难题，以及如何从历史环境中找到突破口，并长远思考和进行解决；三是要不断学习和掌握相关学科的先进知识和手段，综合运用，培养能力。如果用一个词概括，即"跨越"。

为此，我们在具体题目设置时，有这样一些认识和原则：

1）地点的跨越——城市边缘地带（有难点）

几年来我们在设题时，地点多选择在城市边缘地带，因为随着城市发展，原来这种比较松散的地带遭遇的问题比较突出。譬如此次选择的西水关，古代是繁华地带，近代没落了；现代高架在南京又首选西边这条线成为城西干道，因为当时拆迁量小；但是随着河西（秦淮河西侧）新城的发展，这个边缘地带又面临新的问题，如水系不通、东西向交通不畅、缺少标示、没有活力等。因此这样的选点对于设计来说有难点，也有现实的需求。

2）学科的跨越——多元知识融合（有难度）

在设计的取向上，我们一般是放在城市设计这个层面，并有时根据题目的大小，会指导学生在合作完成策划、规划的基础上各自做一个建筑设计，并整合到城市设计中。工作量和难度较大。在前期和中期阶段，要学习相关学科的知识，如策划、考古、保护规范、规划、设计等，从而对于特殊地段能够运用交叉学科的知识和能力进行有难度的四年级设计。

3）时间的跨越——探究设计方法（有研究）

这一类的课题，我们一般选择在历史地段或者有历史环境的范围，要求学生要开展研究，包括历史、现状和未来。读书、调研甚至局部测绘是相对于历史的，现状调查和问卷是面对

消失　　　　通航水关　　　　热闹瓮城

生逢　　　　残败水关　　　　萧瑟瓮城

如何再现

再现　　　　水关意象　　　　瓮城形制

图12　学生设计方案四（1）

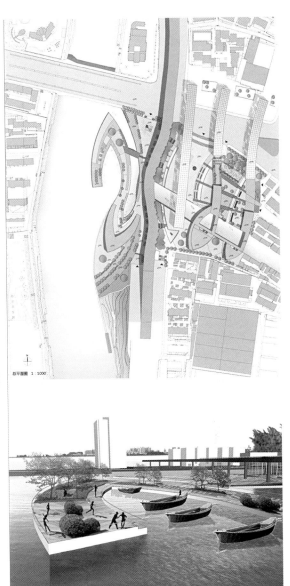

总平面图　1：1000

图14　学生设计方案四（3）

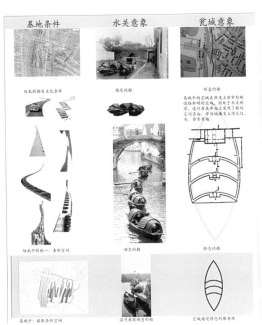

基地条件　　　水关意象　　　瓮城意象

图13　学生设计方案四（2）

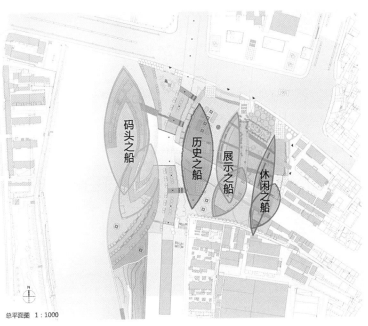

总平面图　1：1000

码头之船　历史之船　展示之船　休闲之船

11

图 15   2010 年和 2013 年西水关一带沿外秦淮河城市立面的变化

现实问题的，对相关优秀案例学习、文本解读、城市发展的研究，是面对未来的。所以设计是一个动态的思考过程、学习过程和认知过程，更重要的是，如此在时间长河下的思维思考是一种设计方法的研究训练，有助于学生以面对现实问题为切入，同时能够向前推导理解历史缘由，并洞见未来发展，从而提升了思维的厚度和广度。而且我们一般要求学生在这样的研究下对设计进行功能策划、项目定位，研究能力有多强，项目能够走多远，都要学生自我承担。

4）空间的跨越——寻找解决路径（有价值）

城市层面的设计是复杂又具体的，由于上述的选点、选项和各组的定位选择，就要在空间上进行跨越和落实，以解决是地、是时、是问的设计问题。对于这个课题，交通是一大难点，也是南京城市西侧的发展焦点；水系是一大特点，是历史地段和环境的重要组成；遗址遗迹、城市肌理和现代生活的交织是一大触点，考验学生经过学习后的思维判断和专业综合能力。最终寻找解决的路径，使得"消失、生逢、再现"这个项目，获得特别场所、特别时期、特别空间下的独特价值，也使得设计成为一个逻辑的思维和专业训练过程。

4   结果：先行

该课程设计从结果上来说，达到了我们教学的目的，不但学生在研究、设计、思维和专业驾驭能力方面有长足进步，设计成绩也很突出，得到评委、外聘规划专家、督导老师的高度赞扬和认可，最主要的是，开展这样的"设计的研究、研究的设计"的教学，能够培养学生在当代需要具备的跨越学科、跨越时代、跨越个体的运作能力和责任心。

另一方面，我们的课题研究也是先行的。2012 年南京市政府正式启动对于西水关一带包括城西干道综合改造工程，快速高架改为地下通道目前正在施工过程中，西水关一带也开展有新的城市设计。我们是 2010 年开展这个课程设计的，之前的 2007 ~ 2010 年我也带领研究生持续开展相关这个地段的设计研究，从而为规划部门的思考和决策提供了一定的借鉴与启示作用，如目前建设的"楼怀孙楚"景观（图 15）乃汲取当时的研究意向。对于更大范围的规划设计，在不久的将来也会进入重新设计阶段，我们希望这些先行研究能够持续发挥作用。

我们也体会到在中国日益发展的建设时期，如何拥抱现实、发掘历史、着眼未来进行培养学生，不但是我们的责任，也是真实的传承创新。在一个当代城市，历史的延续和文化的继承，不是单一的建筑学科的事情，而是综合、复杂需要交叉学科合力攻关的，因此非常适宜在四年级设计课程中开展。

为此，必须做到：研究先行、判断先行、思维先行、能力先行，这既是对教师的要求，也是对学生教学过程的要求。跨越历史、现实、未来的设计设题，是一种意识和概念，更是当代设计教学的一种思路和探索。

注释：

[1] 东南大学建筑学院编，龚恺 主编，《东南大学建筑学院 80 周年院庆系列丛书 东南大学建筑学院建筑系四年级设计教学研究设计工作室》，北京：中国建筑工业出版社，2007 年 10 月：8

作者：陈薇，东南大学建筑学院 教授，东南大学建筑与城市遗产保护教育部重点实验室；是霏，东南大学建筑学院 讲师，东南大学建筑与城市遗产保护教育部重点实验室

浅谈西北生土窑洞居住环境改造设计公益活动之教学实践

邱晓葵　刘彤昊

The Teaching Practice about a Public Welfare Activity of the Renovation Design on the Living Environment of Loess Cave Dwellings in the Northwest of China

■摘要：本文介绍了自 2009 年至 2013 年期间中央美术学院建筑学院第六工作室师生参加的、由中国美术家协会环境设计艺术委员会主办的"西北生土窑洞改造公益设计实践活动"，以及近年来对地坑式窑洞深入设计后的思考，展现了生土窑洞居住环境改造新的探索成果，希望有更多的人来关注濒危消失的生土窑洞，为保护及发展地坑式窑洞的独特人居范式做出努力。

■关键词：西北地坑式生土窑洞　为农民而设计　为中国而设计

Abstract：This paper introduced the participation of "the public welfare design practicing activity of the renovation for loess cave dwellings in the northwest", hosted by the Environmental Design Association of China Artists Association, and several teachers and students in the sixth studio from school of Architecture in China Central Academy of Fine Arts, have being involved in it, during 2009 to 2013.It also presented the latest research results of the renovation for the loess cave dwellings living environment, and some thoughts after the intensive design on loess underground cave dwellings in the resent years.We hope more people will concern on the loess cave dwellings which are in danger, and make efforts to both protect and develop the unique human habitat paradigm in world, that the loess underground cave dwellings have.

Keywords：Loess Underground Cave Dwellings in the Morthwest；Design for the Peasants；Design for China

一、西北生土窑洞环境改造设计课题概况

（一）课题的缘起

西北生土窑洞环境改造设计是中央美术学院建筑学院张绮曼教授多年的研究课题，自

图1 四校教师及三原县领导于柏社村考察时在留守窑洞的老人家门口合影

图2 四校教师在柏社村调研考察时于地坑窑院内的合影

图3 俯视地坑式窑洞

图4 "进村不见房"之窑院入口

20世纪80年代，张绮曼先生在陕西省偶然发现一户窑洞人家原生态田园生活的场景后，即开始本课题初期的调研、设计、理论研究工作。2009年6月，同是中国美术家协会环境设计艺术委员会主任的张绮曼先生组织了她的多位博士生及部分高校教师，赴陕西省进行生土窑洞专题调研（图1、图2），期间提出了"四校联合"西北生土窑洞改造设计实践的想法，即刻得到中央美术学院、西安美术学院、北京服装学院和太原理工大学随行师生的积极响应。于是，2010年10月，借助"为中国而设计"第四届全国环境艺术设计大展暨论坛活动，成功地将生土窑洞的实践落实于陕西省三原县柏社村；2012年10月又一次借助"为中国而设计"第五届全国环境艺术设计大展暨论坛活动，将生土窑洞列为专题进行宣传；截止到2013年，已吸引了众多高校教师、博士生、硕士生、本科生参与到西北生土窑洞专题项目的研究中来。

（二）神奇的地坑式窑洞

生土窑洞已存在有几千年，作为我国传统民居建筑的一个重要组成部分，在空间布局、结构体系、院落组合、外部形态、细部装饰等方面已形成自己独特的地方风格，在我国民居建筑中独树一帜。窑洞有很多优点：它是利用掏挖形成洞穴，所以非常节省建筑材料；窑洞具有覆土蓄热能力，冬暖夏凉，有保温、隔热的功能；结合太阳能、中水处理系统、沼气利用系统，是自体循环、完全绿色的生态建筑，被称为"生长在地下的可呼吸的建筑"。

生土窑洞有多种类型，地坑式窑洞是其中最有趣的一种建筑形态，平地上往下俯视如鸟瞰，坑下的人向上仰望如坐井观天，最有意思的是，上面的人与坑底人对话时的交流，完全颠覆我们日常的经验，变得生动有趣。对于初次进入地坑窑洞的人来说，这种感觉尤为突出，常常令人惊叹不已（图3）。

当地还有"进村不见房，闻声不见人"的俗语。在所有地坑窑的村落，一眼望去有高低错落的小树林，零散的几处烤烟房，大小不一的树冠走近会看到原来是地坑院里种的果树，且只显露树最漂亮的部分（图4、图5）。

（三）地坑式窑洞现存的危机

近几年受市场经济和城镇化进程的影响，农民谋生的渠道已朝向多样化发展，举家

图5 漂亮的树冠

图6 无人居住的窑院很快破败不堪

图7 美丽的山川风景

图8 壮丽的黄土高坡

迁往城镇或转向兴建地面砖混结构的瓦房,使得传统的地坑窑院被废弃。而建筑物一旦失去了人的正常使用,其颓败更日益加快(图6)。所以目前地坑窑的生存状况岌岌可危,急待拯救与保护;县政府尽管每年都要花费大量资金用于地坑窑洞的维护,然而最近几年废弃的窑洞数量却在不断上升,说明这种保护方式和力度还不够,不能解决窑洞衰落的根本问题。

在我们看来,目前地坑式窑洞的"修旧如旧"只是传统单一的保护模式,我们完全可以根据需要进行多种尝试,提出新的发展方向,让人们认识到窑洞保存的价值和希望。

(四)生土窑洞改造设计的基本思路

"为农民而设计"为继续愿意留在窑洞的农民改善他们现有的居住条件。改变人们对窑洞落后认识的长久偏见,将现代化的生活设备引入窑洞,吸引更多的农民住回窑洞。新农村建设一直是政府推进的工作内容,但我们从中发现村落规划有了,然而房屋的建筑形态及空间使用品质没有提高,尤其居住环境美学问题没有根本解决,一些世俗的、价格低廉的、劣质材料的家具生活用品随处可见,由此我们想到提升农民的审美经验及文化素质迫在眉睫,所以我们必须首先建立一些示范基地供他们参照。

生土窑洞的改造开发利用可加速发展旅游业,为国内外游客创造旅度假胜地,从而扩大内需刺激消费,间接增加农民收入。国外的度假型酒店一般设在相对偏僻、环境宜人的自然环境当中,这点西北生土窑洞也有得天独厚的条件(图7、图8)。窑洞旅游文化的发展还可使泥塑、布老虎、面塑等手工艺品产业也良性发展,再配合如西北地区老腔、秦腔、皮影等非物质文化遗产的传承与保护,这些都可以成为推动西北旅游产业非常有利的一面(图9、图10、图11)。

我们寄望于它在不久的将来能够申请并获得通过成为世界文化遗产。在目前,此类型生土建筑在广大西北地区分布众多,故历史文物价值暂时还不足以申请世界文化遗产,但是以后会有机会。当下首先要保护,但默默无闻的消极做法只会徒然增加村里与镇上、县里的财政负担,却没有多大效果,难以继续发展。所以在保护的基础上进行改造,是为了更好地保护而采取的积极、创新之态度,至少可以带来观光旅游等方面的价值。

图9 陕西手工布老虎

图11 陕西精彩的老腔

图10 陕西面塑

二、"四校联合"西北生土窑洞环境改造设计

（一）窑洞改造公益设计活动的概况

2009年9月至2010年10月期间，在中国美术家协会环境设计艺术委员会主任张绮曼先生的倡导下，中央美术学院、西安美术学院、北京服装学院和太原理工大学师生共同参与了"四校联合"西北生土窑洞环境改造公益设计活动（图12）。这是一次深入细致、有学术支持与地方实践的有益尝试，得到了三原县地方政府的支持，选定了陕西省三原县新兴镇柏社村地坑窑洞居住建筑作为研究实验场地，最终将七组废弃的地坑窑洞基地动工实施。

中央美术学院建筑学院第六工作室作为牵头，汇总并协调整个项目的工作进展；规范"四校联合"设计的绘图标准；编写整理《西北生土窑洞环境设计研究：四校联合改造设计及实录》书籍；全程记录了整个设计及督造实施的过程。

（二）前期的生土窑洞专题研究教学成果

自2009年9月至2010年5月，中央美术学院率先组织了生土窑洞专题教学试验：

1. 为中央美术学院建筑学院研究生班（统招的硕士研究生及艺术硕士）开设生土窑洞设计课程，邀请从事西北生土窑洞专题研究的西安美术学院王晓华老师和笔者共同指导，期间举办了多次生土窑洞专题讲座——讲授生土窑洞建造基础知识；古今中外生土建筑赏析；并针对陕西省三原县柏社村窑洞的环境地貌、人文特点进行深入的探讨（图13）。笔者工作室的研究生还就地坑式窑洞完成了《生土艺术表现与陕西地坑窑空间设计实践研究》的硕士论文和窑洞题材的创作（图14、图15）。

图12 四校师生在陕西省永寿县参观调研时的合影

图13 研究生班生土专题设计终期汇报

图14 窑洞住宅客厅效果图

图15 窑洞住宅主卧室效果图

2. 号召中央美术学院建筑学院第六工作室本科毕业生选择生土窑洞专题作为毕业设计，经过半年多的时间，他们实践了有生土幼儿园、柏社村小戏院（图16）、生土小型博物馆、生土酒店等内容的成果（图17）。

（三）"四校联合"生土窑洞改造设计之中央美术学院第六工作室师生的创作

中央美术学院建筑学院第六工作室在"四校联合"生土窑洞改造设计中负责柏社村一、二、三号窑院的设计改造：

利用窑洞自身鲜明的建筑特色，创作以家庭为单位的微型体验旅馆，设计重点放在窑洞内部陈设设计上，强调原创、夸张、奇特，吸引高端城市消费群体到窑洞体验生土建筑（图18、图19、图20）；

现代生活方式与传统窑洞居住生活的结合，将窑洞融入现代的材料及自然生态元素，强调低碳、环保、可持续发展的方向，力争改善窑洞旧有脏乱差面貌，为当代人所用（图21、图22、图23、图24）；

利用我们所掌握的专业理论知识小幅度地修饰窑洞，注重乡土特色的表达，营造三代人共同生活的祥和画面。这样的改造活动成本低、改动小，符合农民实际需要和生活习惯，着力达到提升农民生活质量的初衷（图25、图26、图27）。

以上三件作品分别获2010年"为中国而设计"第四届全国环境艺术设计大展"中国美术奖"提名作品（最高奖）。

（四）"四校联合"生土窑洞改造公益设计活动纪实

1. 方案图纸绘制

2010年5月下旬，"四校联合"设计实践的全体师生赴陕西省三原县政府汇报生土窑洞改造方案，得到当地政府领导和村干部的一致肯定（图28）。次日，四校师生就柏社村7口窑院进行实地测绘（图29）。2010年7月，四校师生冒酷暑深化方案并绘制施工图；张绮曼老师多次审查图纸，提出中肯的意见（图30、图31）。

2. 施工交底及督造

2010年8月，中央美术学院建筑学院邱晓葵教授与刘彤昊、丁圆副教授，西安美术学院建筑环境艺术系胡文副教授与王晓华、张豪老师，及太原理工大学轻纺与工程美术学院姜鹏、庞冠男老师等一行10人共同抵达陕西省三原县柏社村冒酷暑进行施工交底（图32）。

回京后笔者主持致三原县此项目的主管县长王健之意见信函，以张绮曼先生的主旨为先导，亦融入吴昊教授、胡文副教授的理念。中国文化艺术联合会中国美术家协会艺术委员会盖章，笔者将此盖章的意见通过中国邮政快递（EMS）寄往陕西省三原县王健县长（图33）。

3. 陈设布置

2010年10月工作室师生赴柏社村验收改造工程布置会场，由于资金、时间等问题，改造部分仅将建筑部分实现，工作室研究生在当地干部群众大力支援下，简单布置了改造后的窑洞，虽与理想有极大差距，但无奈"巧妇难为无米之炊"（图34）。

（五）"四校联合"生土窑洞设计实践之反响

1. 窑洞现场

2010年10月底"为中国而设计"第四届全国环境艺术设计大赛暨论坛在西安美术学院召开，陕西省三原县新兴镇柏社村作为地方特色分会场举办盛大活动，经过改造设计后的地

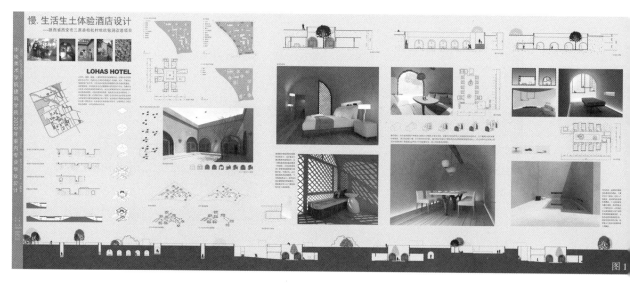

图 1

图 16

图 18

图 19

图 20

图 21

图 22

图 16　柏社村小戏院
图 17　工作室本科毕业学生作品《慢 生活——生土体验酒店设计》
图 18　一号窑院体验旅店接待室效果图
图 19　一号窑院客房效果图
图 20　一号窑院效果图
图 21　二号窑院客厅效果图
图 22　二号窑院餐厅效果图

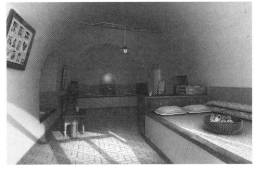

图 23　二号窑院效果图（左上）
图 24　二号窑院露台效果图（左下）
图 25　三号窑院客厅效果图（右上）
图 26　三号窑院老人卧室（右中）
图 27　三号窑院厨房效果图（右下）

坑窑洞建筑以全新的面貌亮相，柏社村的村民纷纷赶来参观，修缮一新的生土地坑窑院得到人民群众的褒奖，农民喜气洋洋，敲锣打鼓像过年一样（图 35、图 36）。当天晚上在柏社村进行了"关中老腔"、"关中皮影"、"三原地方戏"会演，来自世界各地的专家、学者、教师、学生沉浸在悠久醇厚的秦腔、皮影戏里，回归自然与文化，浑然忘我……

2. 群众来信

2010 年 11 月初我们收到了当地群众的来信："……我是出生于陕西陕北，幼年在窑洞度过的 80 后，目前投身房地产工作，以前一直有开发陕北土窑洞的想法，但总觉得不成熟，前几日看到《华商报》关于三原县柏社村窑洞改造的新闻后，这样的想法又被重新点燃，经过在网上查找，最后找到了此次窑洞改造的推动者，请允许我代表世

图 28　在三原县政府汇报生土窑洞改造方案

图 29　工作室学生在柏社村测量窑洞

图 30　张绮曼先生在指导施工图

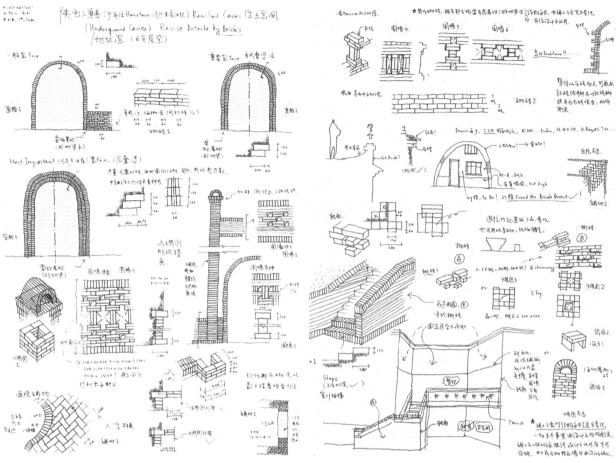

图 31　中央美术学院建筑学院刘彤昊副教授为窑洞改造绘制的设计草图

图 32　二号窑院建造施工中

尊敬的王健县长：

　　首先感谢您与贵县对"为中国而设计"第四届全国环境艺术设计大展暨论坛的大力支持与真诚帮助！

　　2010年8月16日上午参与并负责本次生土建筑（地坑窑）保护、更新与改造的中央美术学院、西安美术学院等四校的主要教师代表我艺委会前往柏社村进行了施工交底，在与村委、施工方与贵县项目负责人邓主席、李股长等现场考察与交流中，我们形成如下意见供您审阅：

1、　　改善生存的环境质量符合世界及中国未来发展的大趋势，提出新的解决方式才能让所有人认识到保存的价值与希望！我们借此次千载难逢的国际会议以及联合国都关注的低碳环保与文化多样性议题，打开三原县（柏社村）的知名度，引起世界的注意，借以争取到源源不断的投资，直至能够申请世界文化遗产，真正形成可持续发展。"保护与提升"为我们改造的亮点，也是所有参与者首要关注与保证的。

2、　　为实现之，我们必须从战略的高度来思考与行动。目前中国的生土建筑（主要为地坑窑与崖窑）分布广泛，数量较多（山西、河南、陕西等省），功能与型制较简单，且许多在社会发展中为日益废弃，其价值距离世界遗产正在逐渐增大，为转变这一趋势，我们必须先在保护的基础上进行提升，使之至少先在旅游产业中成为耀眼亮点！就像北京的798，单纯的工厂虽有一定价值，但并不足以摆脱为拆掉而盖高楼的命运，只有改造成为艺术与创意产业园，才令其价值激增，目前已与"鸟巢"、"水立方"等共列为北京新的最吸引人的地方，逐步才有成为世界文化遗产的可能；上海的"新天地"（包括中共一大会址）也是如此。

3、　　因而，我们选择了总共十个地坑窑进行了更新设计，以之为龙头，奉先带动；而大多数地坑窑还仍然可以"修旧如旧"。这也是从一开始就和您及多位县、镇领导所达成共识的。为此，我们提供了非常详尽的视觉效果与施工图设计，希望柏社村能够严格按图施工，忠实于设计文件，达到领导与我们的共同要求。

4、　　我们（中央美术学院等）所完成的室内、建筑及陈设与环境景观的成果代表着当下最先进的设计理念与最高的艺术水准，敬望您与县领导敦促柏社村予以完满实现。

5、　　目前距离大会召开的时间已经相当紧迫，尤其是室内部分工序较多，技术要求很高，更希望在施工时间上尽量提前以备调整。我们希望您及县政府能够对施工进行一定的督促，以确保得以优质、准时地建造安装完成。在2010年10月15日之前，由贵县及我方共同验收达标。

再次感谢您与各位县、镇领导在百忙之中拨冗关注以上事宜！

　　此致
敬礼！

中国美术家协会环境设计艺术委员会
2010-8-20 北京

图 33　督造信函

图 34　简陋的几件家具形成窑洞最终的布置

图 35　二号窑院成果照片

图 36　柏社村分会场盛况

世代代住在窑洞中的西北人民和这些静静地在历史中流淌的窑洞感谢。谢谢您们让更多人们关注它们。"

3. 香港获奖

2012 年 12 月生土窑洞改造设计项目组荣获香港设计中心颁发的两项大奖，一是 DFA 亚洲最具影响力"可持续发展特别奖"，二是 DFA 亚洲最具影响力"环境设计银奖"，这对于我们全体项目组成员是莫大的鼓舞。

三、深入开展西北生土窑洞改造设计专题研究

（一）中央美术学院建筑学院第六工作室师生暑期创作备展

2012 年暑假，为积极参加"为中国而设计"第五届全国环境艺术设计大展中"生土住宅及环境艺术设计"的专题设计，笔者组织工作室全体研究生冒酷暑留守学校进行创作。张绮曼先生多次到工作室参与方案辅导、讨论，这对学生们来说无疑是难得的学习机会。

我们经过对前两年窑洞设计实践的体悟，这次想就单个窑洞进行创作挑战，希望在一定限定情况下对窑洞改造方案予以突破。相比 2010 年设计一个完整的窑院，虽然从工作量上看起来减少很多，但实际设计难度却是加大的。

（二）利用生土窑洞"掏挖"的特点予以创作

1. 新乡土

为居住在窑洞中的农民而设计，体现人文关怀，解读农民现有的生活状态，立足当下，提升农民的居住环境品质。设计以地坑式窑洞中的主卧室作为设计对象，在窑洞内壁做一个圆弧形顶面，形成一个围合的会客区；依从当地生活习惯将土炕设在窗边有效保证采光，炕上采用当地常见的席子材质并用实木封边，旁边增设储藏靠柜；充分利用当地材料实现自然淳朴的乡土气息（图 37、图 38）。

2. 窑洞新生

方案通过对窑洞地面的高差处理和生土窑洞掏挖空间的优势与可能，改变窑洞空间原本呆板的布局（图 39）。该设计在采光最佳的地方设置休闲的起居空间，包括书柜、炕桌、沙发；睡眠区位于窑洞空间的中部，整个床斜向布置，既能满足采光需求又能保有一定的私密性。在床对面，通过掏挖形成洗漱空间，柔和的光源、简约的洁具提升了窑洞生活品质；在窑洞空间后

图 37　农家窑洞住房平面图

图 38　"新乡土"窑洞效果图

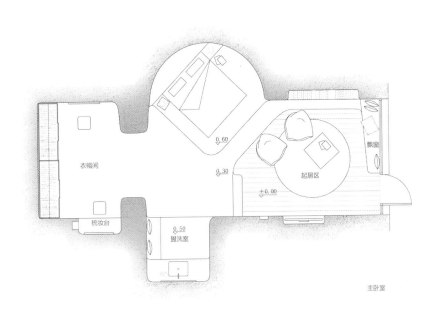

图 40 "窑洞新生"主卧室效果图

图 41 "窑洞新生"主卧室盥洗区效果图

图 39 "窑洞新生"主卧室窑洞平面图

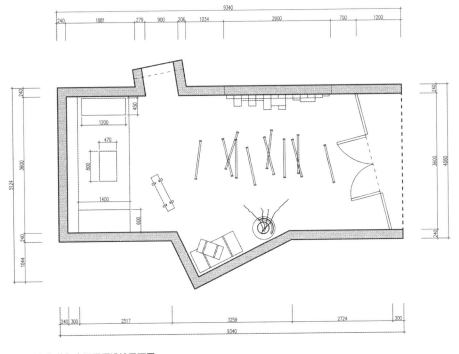

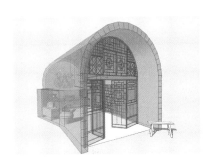

图 43 "假想体"窑洞外观效果图

图 44 "假想体"窑洞展厅内部效果图

图 42 "假想体"窑洞展厅设计平面图

部为步入式衣帽间、梳妆台，基本满足了主卧空间的配套附属功能需求。在本案中，炕桌与书柜均是旧家具的再利用，既降低了制作成本又传承了祖辈的淳朴民风（图40、图41）。

3. 假想体

方案设计目的是为了在这次大展中宣传窑洞，提升它的关注度和曝光度，为此做了一个展览的策划方案。设计主旨在于：以非传统的手法表现传统的民居形态，从建筑已经沉淀的过往中，把它的时间拾起，读取其中的信息，提炼为一个窑洞的"假想体"（"假想体"又称"如果体"，近期走红于微博，意为古代人说现代语，隐喻当代新闻事件）。这种新的视觉感受则暗示观者从新的角度重新解读生土建筑。

窑洞给人的感受是重、实、厚，而本案材料选用轻、透、薄的织物，借用金属脚手架做支撑，在大面积通透的模糊界面中，穿插线元素，勾勒出窑洞特殊的空间结构；而通透性是窑脸、剪纸和织物的共同特征。设计从当地民俗剪纸中，提取红色作为主色调。因为材料的通透性，降低了红色在视觉中的热烈成分，多了些许平静和内敛（图42、图43、图44）。

图 45 "假想体"装置

上述三件设计作品集体获"为中国而设计"第五届全国环境艺术设计大展"中国美术奖"提名作品（最高奖）。

（三）自己动手制作 1∶1 窑洞装置模型

2012 年 10 月，为配合中国美术家协会环境设计艺委会布置的工作，笔者组织了中央美术学院建筑学院第六工作室全体学生自己动手制作大会展览装置作品"假想体"。

窑体、窑脸及大部分家具都是透明织物构成，加之少部分的实体家具，如老木箱子和条凳。家具的选型是通过对农民在窑洞中的生活场景，进行了提炼和简化。墙面向内倾斜形成的三角形的子空间，体现了窑洞的一个空间特性："负形"。使"假想体"的空间形成了虚与实、正形与负形、过去与现在的穿越。窑洞本身是一种不透明的建筑，这次用比较通透的材质来反映，可以说是一种突破。

这次同学们克服重重困难，在很短的时间里搭建窑洞装置模型，虽手工等效果差强人意，但他们从中得到很多经验，理想和现实之间拉近了距离（图45）。

四、结语

中国传统建筑是世界建筑中一种很重要的范式，而生土建筑是这其中的一朵奇葩。如何传承延续并发扬光大，是摆在我们面前的一个重要课题。它是一件真实质朴的建造，没有多余的装饰，符合国际主流对于最优秀建筑的理解。继承并发展之，注入新的生命力，就会永远不过时，从而臻于永恒与伟大——这是勤劳智慧的中华民族原创能力的最有力明证之一。虽然以往有很多学者致力于生土窑洞的理论研究，但其成果多集中在民居测绘及相关探讨上，而今更重要的应是提出解决问题的方案和详细的实施性建议。

为中国而造型，为中国而画画，为中国而设计！是我们中国的美术、设计教育工作者崇高而不容推辞的光荣使命。传递拓展我们民族的思想文化价值亦为我们广义之设计的终极价值所在。而生土窑洞建造是物质性的、基于技术的。在尽可能采用传统、经典的建造方式上，我们也提倡采用适当的新技术，以提高生活质量（比如卫生条件、坚固耐久等），用效率节省稀缺资源（比如土壤、木材等），更加符合节能减排、低碳环保的新要求。同时，为了满足并拓展新的使用功能，我们更尝试注入新的活力，在生存、保护之上谋求更大的上升空间，从振兴旅游项目直至达到创意产业的更高精神境界。

作者:邱晓葵,中央美术学院建筑学院　教授,中央美术学院建筑学院第六工作室主任兼中国建筑装饰协会设计委员会副秘书长;刘彤昊,中央美术学院建筑学院　副教授

基于历史环境再生视野的建筑设计思维教学研究

汪丽君

Teaching Research on Architecture Design Thinking Based on View of the Historical Environment Regeneration

■摘要：历史环境是与一定范围土地密切相关的文化遗产所构成的整体物质环境状态。本文归纳了历史保护的发展轨迹和目前国际上广泛认同的历史环境再生观念，结合两个设计课题的教学案例，探讨了在教学过程中基于历史环境再生视野的建筑设计思维培养与训练的模式与意义。

■关键词：历史环境 再生 建筑设计思维 教学研究

Abstract：Historical environment is a whole material environment condition, which closely related to the cultural heritage in a range of land. This essay generalizes its development track and widely recognized concept of sustainable regeneration. With two teaching cases, the essay discusses the teaching process of architecture design thinking based on view of historical environment regeneration.

Keywords：Historical Environment；Regeneration；Architecture Design Thinking；Teaching Research

1.历史环境与城市发展从"对立"到"融合"的发展趋势

历史环境在广义上可定义为："人们在现今世界可以看到、理解和感受到的过去的人类活动留下的所有印记"。它是与一定范围土地密切相关的文化遗产所构成的整体物质环境状态，其形成是一个长期的发展过程。历史环境是属于整个人类的宝贵遗产，它不仅是传承地区文化、延续历史文脉、保持文化多样性的结构性文化资源，还是人类建造活动的记载。从抽象文化传统意识的表达到具体材料技术的应用，无不反映了人们生产生活、交往发展以及审美价值取向的各个方面。

20世纪初期，随着现代科学技术至上思潮的影响，历史环境一度成为"落后时代"的同义词，甚至与现代城市的发展彼此对立。这种对立的认识反映在城市规划与建筑设计上就表现为两种典型的方法：划片式的“静态保护”和推土机式的“革故鼎新”。然而20世纪70年代以来，随着人们对环境破坏严重性的日益重视，越来越认识到历史环境的破坏是现代环境问题的重要课题。例如在日本，人们就将产业废弃物带来的污染称为第一公害；对自然环境的破坏称为第二公害；将开发建设对历史环境和乡土文化的破坏称为第三公害。与前两种公害直接危害人的生命、健康等肉体方面相对，历史环境是地域居民精神纽带的象征，它的毁坏会给居民的精神生活带来非常深刻的影响。因此人们开始重新理解现代与传统之间的关系，并反思城市如何在发展中兼顾历史环境。如今，人们对历史环境的综合价值已经达成共识，它包括：①历史价值（信息、史料价值）、②年代价值（城市的记忆与情感价值）、③艺术价值（文化、审美价值）、④使用价值（再利用价值，参与、经历城市发展过程的经久性）、⑤生态价值（人文生态的可持续性）等。

2.历史环境再生视野的内涵

如今，在历史环境研究领域国际上已逐步确立起了整体性的保护观，并将保护对象逐渐从历史遗产本身发展到其周边环境等有形物质，再扩展到历史、民俗文化等无形遗产，从更广泛的层面明确了历史环境整体保护的重要性，同时与以往经常被提及的“改造”和“更新”不同，开始倡导以“再生”策略代替以往的“更新”策略。“历史环境再生”一词中的“再生”，按词义讲源于生物学，是指组织丧失或受损之后的重新生长，或指系统恢复到其最初的状态。在西方语境下，历史环境的更新与再生都是一个有关历史环境保护政策的概念，二者之间存在着明显的前后演替关系，而并不是对同一问题的不同称谓。“更新”的方法重在“更替（displace）”，“再生”的方法重在“提升（upgrade）”。“再生”反映了目前国际上历史环境保护领域的最新发展动向，再生并没有替代，而是原有肌体的恢复和重新生长。因而“历史环境再生”的涵义是指面对变化的地区，对解决濒临消失或已经消失的历史遗存实施保存或复原，恢复历史环境在国家或区域社会经济发展中的牵引作用，同时寻求该地区经济、物质、社会和环境条件的持续改善，而制定的综合而整体的构想及举措。归纳起来，历史环境再生包含如下几方面的内涵：

（1）就再生的目标而言：不是简单地消除城市衰败的空间，而是力求找到引起城市衰败的原因。从根源上着手，旨在塑造城市发展的能力，提高社区居民的生活质量。

（2）就再生的时机而言：不是“死后再生”，而是在城市机能并未完全退化的情况下，提前采取行动，主动适应社会经济转型的需要，提升城市功能，维持城市活力和城市社区的稳定性，使之具备持久的活力与生机。

（3）就再生的内容而言：强调的是在维持城市现有物质空间的基础上，实现功能的升级，它区别于传统通过空间的扩张，物质结构的拆除和重建来实现城市的发展，因此，它是一种“零用地增长”的发展模式，即城市的发展不是以物质空间的数量扩张与重建为基础，而是建立在社会经济职能改善和生活质量提高的基础之上。

（4）就再生的途径而言：强调本地社区参与机会和稳定性，它不是通过简单的置换本地社区，代之以新的社会阶层，从而把本地社区的贫困问题转移到其他地区。而是强调通过赋予本地社区能力，实现旧城职能的转换和持续发展。

3.建筑设计思维教学研究

建筑是人生活的场所，是人们生活方式（LIVING STYLE）的反映。因此，建筑应该反映人的意识（CONSCIOUSNESS），建筑的主体也是人。可是人的意识非常复杂，而且深深地烙上时代的印迹。因此建筑设计必须关注社会。但在中国当下建筑教育的大环境中，能做到社会关注和人文关怀层次的非常少，学生的设计作品往往经不起推敲，没有深度，这也与他们缺乏对人生活方式的思考有关。因此笔者在教学过程中针对三年级设计课程教学的重点，结合历史环境再生的视野，启发学生对城市生活细致入微的体察，将历史的传统文化和习俗融入现代的生活中，以期培养学生在设计创新中，将延续性与时代性相结合，尊重既存的建成环境，发掘文化的深刻内涵，从而保持历史环境的生命活力，从而为未来成为具有良好的社会责任感的建筑师奠定基础。

3.1 教学案例一：2011UA 创作奖概念设计国际竞赛——UA 城的“负”空间激活

以设计竞赛作为三年级本科生设计课程题目是天津大学一年一度十分重要的传统设计

环节之一。UA 竞赛从创办最初虚拟一座"UA 城"开始，竞赛每年选择一种建筑类型作为题目，来不断完善城市的建设，其每届的选题，无不切中当代中国城市发展中的焦点问题。本届竞赛题目有所不同，没有指向具体的城市功能，但却是近年来城市人文关怀意义最强的一个课题，很有理论性。从竞赛公告中就可以看到，"持续的建设成就了今天的物质城市，而那些缺乏人性与人文关怀的城市和建筑空间也反作用于人们精神与物质的双重生活……如何通过设计激发'负'空间的积极能量，实现负正转换，将城市建筑空间既有的冲突和潜在的危险关系调停妥当，甚至转害为利，是本次竞赛的核心意旨"。

因此体会竞赛题目设定的良苦用心，即"负空间"的切题视角的选择是本次题目教学指导过程中的重点。最初，学生也试图从高架桥、快速路、老河道、旧城区、废弃建筑、大型广场、地下通道、屋顶平台等直观而常见的"负空间"入手，然而，由于 UA 竞赛偏重关注社会热点问题，通过教学引导和启发，学生们开始突破以人的视角、人的需求为核心来看待城市"负空间"的问题。设计思维转化为"在人类生存的所谓正空间中一直都缺乏动物的尺度，那么在激活负空间的过程当中，是不是可以以动物为主体呢？人类的本性究竟是什么？绝对不应该是把人类放在金字塔的顶端，对其他一切生物都实施管理甚至是制裁，总有人把与自然和谐相处挂在嘴边，可和谐难道只是种几棵树铺几片草吗，如果我们把动物排斥在我

城市的**负空间**一直以来都是以**人**的价值观来定义的，
然而人眼中的一些负空间，往往是**流浪动物**的聚集地。
我们从保护流浪动物这一**社会热点**问题切入，
希望在**激活**负空间的同时，为流浪动物提供一个**栖身之所**。
同时以动物为**纽带**，促进了**人与人**之间的交流。

负空间的定位

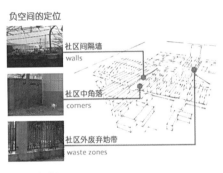

社区间隔墙 walls

社区中角落 corners

社区外废弃地带 waste zones

猫的行为分析

Cats like hiding,climbing and leaping.

六边形形体分析

结构稳固 stable　　便于视线交流 view exchange　　符合人猫尺度 measure

单体节点分析

吸声处理 noise-insorded　　废旧木材 material　　猫砂 toilet　　内部隔断 separate

我们的期望

In the community, more and more people try doing something for the stray animal.

设计的形成分析

  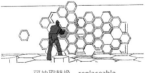

框架 framework　　居民可自行填充 DIY　　多种组合可能 try more shapes　　可抽取替换 replaceable

为何流浪——UA 城的负空间激活

图 1　2011 年度 UA 创作奖概念设计国际竞赛佳作奖，学生：单丹丹、王芸、邹德华，指导教师：汪丽君、王志刚

们生活的正空间之外，又何来真正的和谐呢？"最终，学生提出改造"负空间"时能为流浪动物创造一个栖身之所的设计主题。

通过实地调研和发放问卷调查，学生们发现社区是流浪动物的聚集地，有爱心的居民为流浪动物提供的食物和水随处可见，这体现了人类对动物的关心与爱护，但从另一个角度看，这对不喜欢动物的居民来说也成了一种困扰。同时社区中需要被关怀的其实也不只是流浪动物，孤独在家无事可做的老人与社交有障碍的孤僻的人，他们是喂养流浪动物的人中比例最大的两类人。学生们希望通过设计，使居民自发地、随意地喂养流浪动物的行为合理化，既给流浪动物一个栖身之所，让居民可以到指定地点进行喂养与交流，也让流浪动物的行为活动不要影响到居民的正常生活。

随后通过对流浪猫的行为分析，学生们选择了六边形的结构要素作为激活策略，因为自然界中六边形的结构要素具有很好的稳定性，并且组合方式具有多样性，从而可以支持设计可替换单体的想法（图 1、图 2）。对弱小生命的关心能使一个人找到生命的意义，流浪动物作为一种弱势群体能够唤起人类最原始的怜悯与善良。正是这种运用强烈的人文关怀视角来解读"负空间"，并结合用地的权属周到地满足其空间诉求的解题方式得到了竞赛评委的好评，使得该作品获得了 2011 年度 UA 创作奖·概念设计国际竞赛佳作奖。

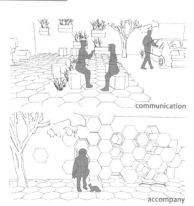
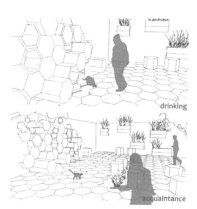

图 2　2011 年度 UA 创作奖概念设计国际竞赛佳作奖，学生：单丹丹、王芸、邹德华，指导教师：汪丽君、王志刚

3.2 教学案例二：天津意式风情区小型城市旅馆设计

本次历史街区城市旅馆设计选在底蕴浓厚的意式风情区。题目设置意在培养学生在尊重历史环境的基础上实现新旧建筑的共生，特别是引导学生对历史街区的空间结构、形态演进及使用方式的深入调查分析，从而避免表面符号肤浅的套用。经过对基地的多次调研，学生认为风情区的魅力来自于其色彩温暖、做工考究、厚重又细腻的砖墙。而在天津海河区域的角度上，又可将此区域看作是历史砖墙文化与现代主义以来的肆意扩装进行对抗的产物。当一座座城池变得千篇一律之时，至少还有一片净土在进行自我更新以适应未来的改变，该处旅馆设计的重点便是在历史场所中提供一个便于现代人生活享受的生命体，同时也使观者在其中有很强的历史场所感。

墙是有生命的：其在空间上可以引导，可以分隔，可以保证私密性，可以成为涂鸦的场所，可以成为展览的攀附者……在面对如何保留场所内建筑原真性的话题上，应当结合小型展览的需要使其成为基地内的特色空间以激活这片区域，试图将建筑、景观、街阔、历史融为一体。

于是本案讨论在整片区域中，通过墙的密度、布局、开窗方式以及和区域内其他广场的尺度比较，对场地进行分割，将整个区域的广场和路径等级进行划分，实现开放性与私密性场所的不断转换。在建筑内部，由墙体所分割的大型中庭将旅馆分为两个部分：北面临街立面做得规整而连续，从而保持街阔，与周边建筑有很大的相似性；南边的一块则由数片碎墙组成，不规则的开窗方式使得其具有充满活力的视觉效果。

在旅馆客房的安排上，将旅馆住宿空间打散成3个组团，每个组团一层均为该组团内的"客厅"，并各含一个外挂形成内部竖直交通体。将其有序排列在入口空间处，形成强烈序列感。内部将客房有序搭接，保证每一条管道都能从厚墙中排水下来，尽可能与下面单间的管道结合，同时也要保证动线不过于复杂，而使旅客在依次排开的3～5个房间组团中找到自己的住处（图3、图4、图5）。

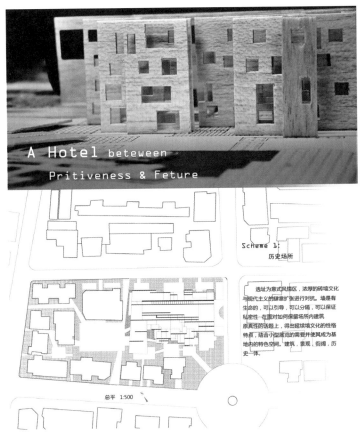

图3 天津意式风情区小型城市旅馆设计作业成果，学生：郭壮，指导教师：汪丽君

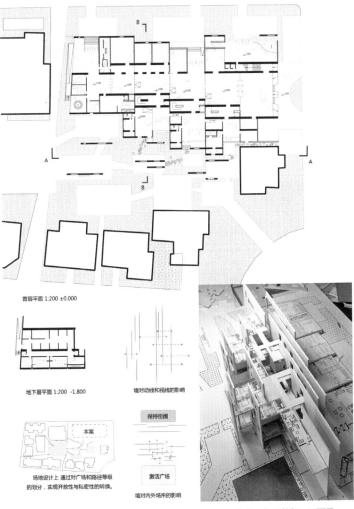

图4 天津意式风情区小型城市旅馆设计作业成果，学生：郭壮，指导教师：汪丽君

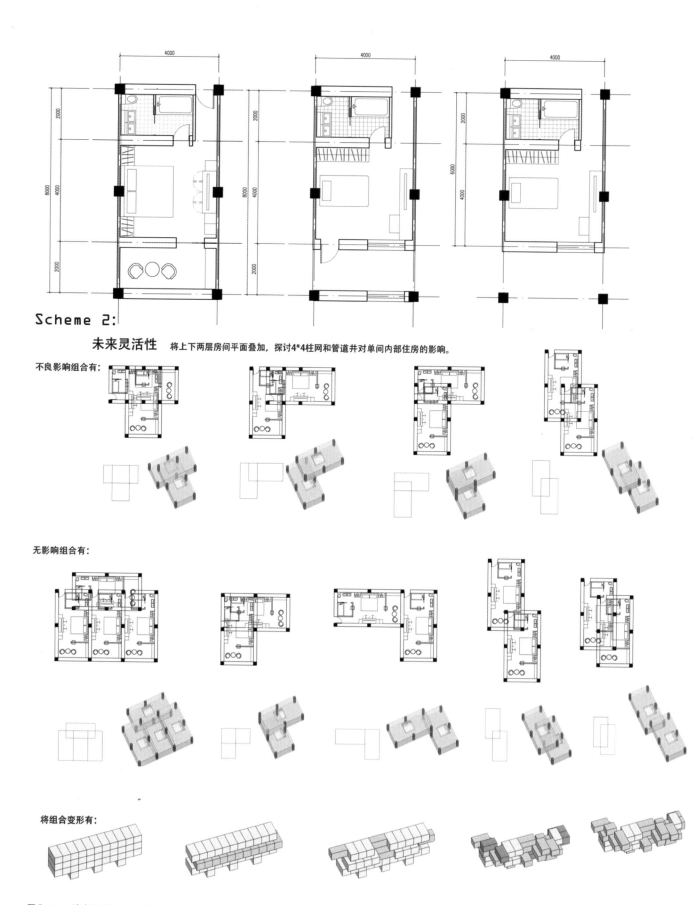

Scheme 2:

未来灵活性 将上下两层房间平面叠加，探讨4*4柱网和管道井对单间内部住房的影响。

不良影响组合有：

无影响组合有：

将组合变形有：

图5-1 天津意式风情区小型城市旅馆设计作业成果，学生：郭壮，指导教师：汪丽君

对旅馆住宿空间打散为3个组团形成，每个组团一层均为该组团内的"客厅"，并外挂形成内部竖直交通后，并且有序排在入口空间处，形成强烈序列感。而内部则依据上述法则处理，尽可能发挥"细胞单元间"的灵活性且同时保证旅客不过于复杂寻找到自己住处。

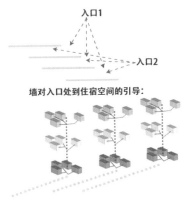

图5-2　天津意式风情区小型城市旅馆设计作业成果，学生：郭壮，指导教师：汪丽君

4.结语

历史环境是经过漫长的历史时期逐步形成的，拥有不同时期、不同类型的历史文化积淀。因而，对其不应是将历史凝固、静止的保护，不应切断其自身的发展，必须确保历史脉络的完整性和延续性。历史环境的再生不只是为了过去而保留过去，更是为了实现从过去到未来的持续发展，其目标就是要确保我们从过去继承下来的历史环境，在未来，我们的子孙后代依然能够体验与享用，并获得启发。这种以未来为关注点的价值观，正是历史环境再生的核心所在。

（注：本文系国家自然科学基金资助项目（51208338），及教育部人文社会科学研究基金资助项目（10YJCZH144）相关研究报告之一）

参考文献：

[1] Dennis Rodwell.Conservation and Sustainability in Historic Cities[M].Oxford : Blackwell Publishing Ltd, 2007：98.

[2] 张松.日本历史环境保护的理论与实践 [J].清华大学学报, 2000 (40)：44-48.

[3] 范文莉.当代城市空间发展的前瞻性理论与设计——城市要素有机结合的城市设计 [M].南京：东南大学出版社，2011.7：46-49.

[4] 朱力, 孙莉.英国城市复兴：概念、原则和可持续的战略导向方法 [J].国际城市规划, 2007.22 (4)：1-5.

[5] 佘高红, 吕斌.转型期小城市旧城可持续再生的思考 [J].城市规划, 2008.2：16-21.

作者：汪丽君，天津大学建筑学院副教授

历史文化遗产保护课程建设探索与思考

——重庆大学历史文化遗产保护教育体系建设成果总结

陈蔚　邱小玲

Cultural Heritage Conservation Course Construction in Chongqing University

■摘要：历史文化遗产的科学保护与利用已经成为我国城市建设中面对的重要课题，相关专业人才培养和专业知识补充也逐渐成为建筑学专业人才培养的目标和任务之一。本文总结近20年来重庆大学建筑城规学院在相关课程体系建设，"建筑文化遗产保护理论、历史建筑改造再利用和毕业设计"等重点课程培育方面的成果和思考，为我国建筑类高等院校中历史文化遗产保护高级专业人才培养提供借鉴。

■关键词：文化遗产　教育　课程　保护修复　再利用

Abstract：Historical and cultural heritage protection and utilization of the science in China has become an important task faced by city construction, and relevant professional training and expertise complement also gradually become one of objectives and tasks in architectural talents training. This paper summed up the construction of course system, in Chongqing University Faculty of Architecture and Urban Planning, and focused on "architectural culture heritage protection theory", "historical architecture transformation and utilization" and "graduation design", and some other key courses, which may provide a reference for the construction of China's institutions of higher learning in the historical and cultural heritage protection of senior professional personnel training.

Keywords：Heritage；Education；Course；Conservation；Reuse

　　历史文化遗产的科学保护与利用已经成为我国城市建设中面对的重要课题，相关专业人才培养和专业知识补充也逐渐成为建筑学专业人才培养的目标和任务之一。20年来，我们依托建筑历史与理论课程群和设计教学的基础，借鉴国内外高校遗产保护专业建设的经验，结合国家和时代需求展开探索，逐渐摸索出在建筑类高校培养历史文化遗产保护高级专门人才，以及建设系统课程体系的新思路。

1.国外大学文化遗产保护专业人才的培养

在专门保护人才的培育方面，许多国家建立了专门的遗产保护教育机构和培训体系。意大利的文物修复就建立了"以文物修复学院为核心的教育培训体系"。全国范围内专门的文物修复学院有罗马修复中心、佛罗伦萨文物保护研究所等国家级教育培训基地。这些学院一般学制为3～4年，这是法律规定的。入校需经严格考试，内容包括美术、实践经验，以及希腊、古罗马和意大利艺术史。在课程设置上，包括"教室理论课、田野实习、实验室"三大部分。理论学习内容包括古代、中世纪和近现代艺术史，修复技术，化学，物理，自然科学，绘画及雕刻技术等，并有专门的文物修复实习课。作为国家文物保护中心的一部分，他们拥有一套流动设备，当任何地方需要进行监测和保护时，都可随时到现场展开系列工作。为保证教学质量，一个专业班一次只收几名学生，并且几乎是一位老师带一个学生，作为国家中心培养出的学生可以当老师带徒弟。学员毕业时，成绩优异者可获得"修复师"证书，成绩较差者亦可获得"修复工"证书。学员必须具备这样的专门证书才能从事这项工作。

在法国，历史文化遗产保护专门人才的培养主要依靠专门的遗产教育机构——文化遗产保护学院，它主要培养文化遗产保护与管理工作的专门性人才。为解决普通技术人员不足的问题，法国还专门成立以培养技术员为主的法国文物保护修复学院。除学校教育以外，法国建立有数以百计的文化遗产研究机构，专门负责文化遗产的调查、研究、培训、修复及资料搜集等方面的工作。例如，古迹保护与历史研究高等研究中心、古迹保护研究中心、法国文化遗产保护研究实验室等。此外，还设立许多专门性研究机构，如道路与桥梁学院中央研究室、地质水利研究中心、材质检验研究室等。这些部门在保护、管理、修复、鉴定遗产的过程中，发挥着不同的重要作用。

国外还有不少综合性大学也开设历史艺术、考古、修复等科系或专业，设立遗产保护专门学位，并将文物保护学科融入到建筑学、景观建筑学、规划、考古、人类学、法律和实业开发等专业中。比如意大利维泰尔堡大学文化遗产保护系便是其中的佼佼者；而英国约克大学和比利时鲁文大学，则分别将遗产保护专业开设在历史系和工学院的建筑系。无论怎样，各学校课程设置完整，学制1-2年。学生的学习背景可以包括文、理、工、管各个专业，毕业后，他们服务于政府管理机构、修复研究中心、古建筑修复设计事务所，以及企业等，可以适应多种工作需要。在课程设置上，该课程也体现出理论学习与实践培训相结合的特点。以比利时鲁文大学为例，它的遗产保护课程包括:保护理论，分析登录技术、材料与结构，考古，实习（三个部分:细部测绘、城市分析、综合保护）、城市分析等六大"模块"，涉及"遗产管理技术"、"遗产修复技术"、"保护规划设计"等学科门类。其中实习占到一半的学习时间。澳大利亚堪培拉大学（University of CANBERRA）在定义他们的文化遗产保护学（Bachelor Cultural heritage Conservation）中提到，需要"保护、诠释、管理"三个层面的能力，而这些都建立在对自然科学、人文学科、社会学科、伦理学，以及相关法律领域知识的学习上，而且获得学位之前，还需要在澳大利亚国家文化研究中心的保护专家指导之下完成特别实习培训（表1）。

课程结构示例　　　　　　　　　　　　　　表1

学期 1	学期 2
第一年	
化学 1a	化学 1b
遗产修复	介绍保护理论与经验
文明简史	实习1: 博物馆
选修	选修
第二年	
道德与专业实践	保护理论与实践3
保护理论与实践2	文物
实习单元	实习单元
选修课	实习单元
第三年	
收藏管理	分析化学
文化遗产领域的学校	文化遗产研究项目
实习单元	选修
保护实习 (1)	保护实习 (2)

在更高层次遗产保护人才和遗产管理人才的培育方面，各国还设立了保护专业硕士学位。为维护职业的严肃性与崇高性，欧洲保护师－修复师联盟（E.C.C.O）的职业准则中，从业人员的知识结构和专业背景是这样规定的：要求进入保护师／修复师行业的最低学历水平为硕士，或被认可的同等水平，即应在大学（或同等学力）完成不少于5年的全日制保护／修复领域学习，其中包括全面实践实习期，并且规定，在这样的学习结束之后，学生应该有继续攻读博士的可能性。据不完全统计，在欧洲大约有40多所高校设立了遗产保护及与之相关专业的硕士学位。法国高等的遗产保护与修复的训练，其课程设置兼顾人文科学与自然科学，理论结合实践。著名的巴黎国家遗产学院的书籍修复师，其专业科目包括：绘画、微生物学、化学、材料技术、艺术史、修复理论与伦理、文献研究方法、计算机、法律等等；学生每年有大量的手工操作；在第四年有6个月在国外相关机构的专业实习，第五年需要亲手完成一项文物修复工作，并撰写硕士论文。

遗产保护教育体制的完善，为各国遗产保护奠定了坚实的人才基础，使他们拥有一个包括历史学家、考古学家、艺术史家、规划师、建筑师、美术师、物理学家、化学家、工程师在内的，由多学科、多层次人才组成的高素质专家队伍。

2. 我校历史遗产保护专向基础理论与设计实践课程群建设情况

2.1 总体培养目标与定位

欧洲保护师－修复师联盟（E.C.C.O）在联盟的职业准则中对于保护修复师的职能做了这样的界定：在保护－修复领域开展项目开发、规划设计与调查研究；为文化遗产的保护提供建议与技术支持；为文化遗产准备技术性报告（不包括对其市场价值的判断）进行研究讨论；发展教育项目并教学；传播调查、培训与研究中获得的信息；推进对保护－修复领域的更深入理解。

在我国，遗产保护专业方向的建设是伴随国内对于相关领域专门人才的实际需求而展开的，结合现阶段我们在文物建筑修复、历史建筑改造再利用、历史城镇街区保护等方面的实际问题和人才需求情况，在培养目标上，我们将建筑类高校中这种专门人才，或者具备这方面较高知识和职业素养的建筑师定位为：以历史名城街区保护规划和文物建筑修复为主要任务，掌握系统遗产保护学科理论知识，树立科学保护观念和价值判断能力，能够合理运用专门古建筑保护修复传统与当代技术和材料，具备跨学科尤其是人文、历史、化学、考古等知识素养的建筑规划专业人才。与传统文物修复与考古专业人才培养相比，它在专业领域、职业定位等方面有自身特点，也和目前国外高校的文物修复遗产保护专业不尽相同，更多考虑适合中国国情的历史文化遗产保护与利用的发展现状需求。

2.2 课程体系内容与框架结构

我校本科建筑学专业人才培养中已经建立知识结构合理、课程内容充实，以及适应学生学习能力的系统，在此基础上，相关专业课程体系建设发挥了这些方面的优势，使这部分的课程建设能够做到：1）与原来的理论和设计课程群很好地接轨；2）能够利用现有的教学资源（教师人才资源、实验室设备资源、资料信息资源）和经验，使这部分课程建设能够获得较好的起点和平台；3）不将这部分人才和知识培养与传统的建筑学专业人才培养剥离，相反是传统建筑学专业在知识结构、技术能力和观念理论水平方面的一个有益的提升。提高学生就业的综合竞争力，服务更多的行业（表2）。

重庆大学建筑城规学院遗产保护系列课程结构框架 表2

年级	类型	课程名称	课时	课程性质
1	辅助	建筑认知	6	设计理论课
2	基础	中国古代建筑史	36	专业基础理论课
3	基础	外国古典建筑史	36	专业基础理论课
3	核心	建筑文化遗产保护理论与方法	32	专业基础理论课
3	核心	历史建筑改扩建设计	64	设计课
3	核心	古建筑测绘和实习	90	实践、实习
4	核心	传统建筑设计	72	设计课
4	核心	城市设计（专题）——历史街区保护	72	设计课
4	拓展	城市历史文化遗产保护	32	专业基础理论课
5	辅助	毕业实习——文物建筑修复	192	实习实践
5	核心	毕业设计	192	设计课

图1　教学中利用的意大利文物保护修复项目资料　　　　图2　本院教师参加的欧洲历史文化遗产保护交流学术考察活动

3.重点课程的建设与成果

3.1 理论课程：建筑文化遗产保护理论与方法

　　作为整个系列课程群的核心理论基础，自2003年本科和研究生教学中，我院就将它作为必修的专业基础理论课程推出。一方面，课程对西方历史文化遗产保护理论与方法成果进行了较为系统的介绍与总结，并从社会文化背景的角度剖析了西方遗产保护理念形成的深层社会文化基础，使学生建立与遗产保护相关的理论视野；另一方面，以时间为序对我国建筑遗产保护事业形成与发展的历程进行了较为清晰的梳理，并结合目前存在问题和取得成果，指出我国遗产保护理论与方法技术发展的方向所在。最终使学生了解中外城市遗产保护的发展历程和世界遗产保护理念和发展趋势，理解历史文化遗产的概念及其价值，掌握历史文化遗产调查、分析、评判的方法，以及保护与再利用的设计方法，理解历史文化遗产保护制度和法律体系。课程涵盖了历史、制度、法律、管理、工程技术、规划和设计理念与方法以及社会调查和分析方法等多个专业面。其主要知识模块包括：1) 反思西方历史文化遗产保护观念发展与变迁背后的社会文化基础，系统介绍西方建筑遗产保护理论与保护方法体系的主要成果，尤其是重要保护案例；2) 系统总结我国历史文化遗产保护理论与方法体系形成与发展的历史；介绍我国遗产保护的主要成果；3) 遗产保护系列专项设计方法及设计案例介绍，包括历史文化遗产调查、分析、评价方法，文物建筑保护修复设计方法，历史街区（古镇）保护规划设计理论与方法，历史建筑保护和再利用设计理论与方法等；4) 历史文化遗产管理方法制度体系介绍，包括中外遗产管理的法律建设，行政管理制度，公众参与方式，保护资金获得和管理制度，遗产保护教育与培训制度等（图1，图2）。

3.2 实验与实践课程

　　目前设立的实验与实践环节包括：以体验感知和价值判断培养为目标的社会调查；深入认识传统建筑，掌握具体保护修复方法技术的"古建筑测绘"综合性实践实习；创新型拓展实验等部分。

　　为了让学生对于我校城市历史文化遗产生存状况有清晰直接的理解，在理论教学的最后环节安排了"了解重庆大学历史和绘制校园历史文化遗产地图"的特色实习环节。通过16学时的时间带领学生通过"徒步考察校园内现存历史建筑；查阅校史展览馆历史文献；采访资深教授；利用简单工具和方法快速测绘记录历史建筑；考察建筑残损状况和使用现状；撰

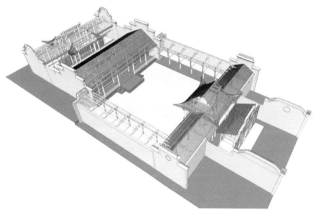

图 3　历年本院学生古建筑测绘课程作业成果示例

写调查报告"等方式，建立学生对城市中历史遗产综合保护情况的认知。通过这个环节，学生不仅认识了文化遗产的多样性，也切实体验到了遗产的价值和保护的必要性。

由于文化遗产保护以实践性强为突出特点，三年级暑期古建筑实地测绘课程（90 学时）成为认识城镇现存历史建筑遗产，了解传统建筑构造技术，学习保护修复方法的最主要环节。这方面借鉴了传统考古学和文物修复专业的教学特点，那就是"注重田野工作、注重操作能力培养"。多年积累下来，巴蜀地区的许多重要遗产地都留下了我们的足迹，比如"成都武侯祠"、"杜甫草堂"、"重庆大足石刻古建筑群"、"四川峨眉山寺庙"、"重庆湖广会馆古建筑"等，同时，正在整理出版《重庆大学古建筑测绘成果集》。我校下一步考虑充分利用学校现有设备与资源，与文保单位积极协作，设立稳定的实践教学基地（表 3，图 3）。

实验与实践环节统计表　　　　　　　　　　　　　　　　　　表 3

序号	实验（实践）项目名称	实验类别	实验（实践）场所
1	砖石质，木质文物建筑及构件保护修复	课程实习	重庆大学山地城镇建设与新技术教育部重点实验室
2	古建保护实例观摩	课程实习	重庆渝中区湖广会馆，华严寺，磁器口古镇等
3	绘制校园遗产分布电子地图；历史建筑测绘	基础实习	重庆大学校园，重庆三中校园等
4	GPS 操作	基础实验	校内实习点
5	全站仪外业测绘	基础实验	重庆大学山地城镇建设与新技术教育部重点实验室，古建筑实习基地
6	三维激光扫描仪测绘	基础实验	重庆大学山地城镇建设与新技术教育部重点实验室，古建筑实习基地
7	古建筑测绘实践	综合实习	古建筑实习基地，真实项目

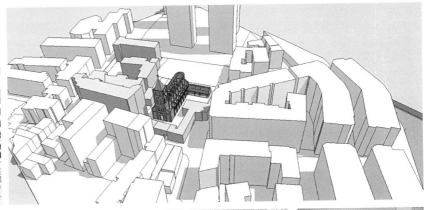

场地分析 SITE ANALYSIS

1 场地区位分析
2 场地周边空间关系
3 场地周边主要景观
4 场地公共设施

图4　学生前期调研分析过程

在这些理论和实践教学的基础上，通过鼓励和支持本科高年级学生申报大学生创新实验项目，参与教师科研项目等方式，把实验知识与技能直接运用到科研实践中，进一步增强学生的实际操作能力的训练。

3.3　设计课程

配套设置设计课程的目的在于结合建筑学专业特点，通过设计题目进一步让学生在设计中理解遗产保护理论知识，加强应用能力和创新能力。在选择题目对象的时候，一般都是真实案例，而且便于就近参观、调查、走访等系列活动的开展。在类型上已经涉及近代工业建筑、古建筑、传统民居、近现代历史建筑、传统古镇街区等。

1）历史建筑的改扩建设计

这个设计是作为建筑学专业本科三年级的第四个设计题目。结合学院制定的本年级设计教学主题"建筑与文化"，在教学目标设定中将尊重多元文化、传承地方文化，以及一定的文物建筑保护技术训练作为重点。以2012年题目"近代天主教堂保护修复与改扩建设计"为例，设计任务既要了解宗教文化的主要内容和相应的宗教活动，深刻理解教堂建筑精神内涵，进而把握教堂建筑的基本技术、空间特征和设计要点；也要求学生通过设计训练，掌握历史建筑保护修复和改扩建设计的基本方法，在实地踏勘和现状分析的基础上，以及保留教堂主体建筑基本结构和主要功能的前提下，对现有建筑及其环境要素进行改建设计；主要从场地(重点是外部空间序列和景观营造)、建筑物(重点是建筑形态与建造表达)和室内环境(重点是室内空间与光环境) 等层面提出适应的设计方案 (图4)。

2）毕业设计

让学生在五年系统学习的基础上，做综合性的研究与设计课题，训练学生综合运用所学的历史理论、测绘方法、文化研究方法、遗产保护理论及建筑创作理论，通过设计进一步提升学生思维的深度，锻炼学生的综合组织能力、团队合作能力、建筑设计能力，并对相关的景观、室内、结构和设备等基础知识有所认识，为工作做充分的准备。

2012年的题目是"抗战博物馆设计——重庆南岸使馆区近代历史建筑保护修复及改扩建设计"(图5)，设计要求包括南岸使馆区历史建筑的保护修缮及改扩建设计两部分。保护修缮部分包括建筑的历史调查、现场测绘与调查、价值和现状评估及保护修缮设计；改扩建主要是在考虑地形条件、新的建筑功能、交通组织等方面的基础上，重点体现新加建部分与

图 5 学生作业成果展示

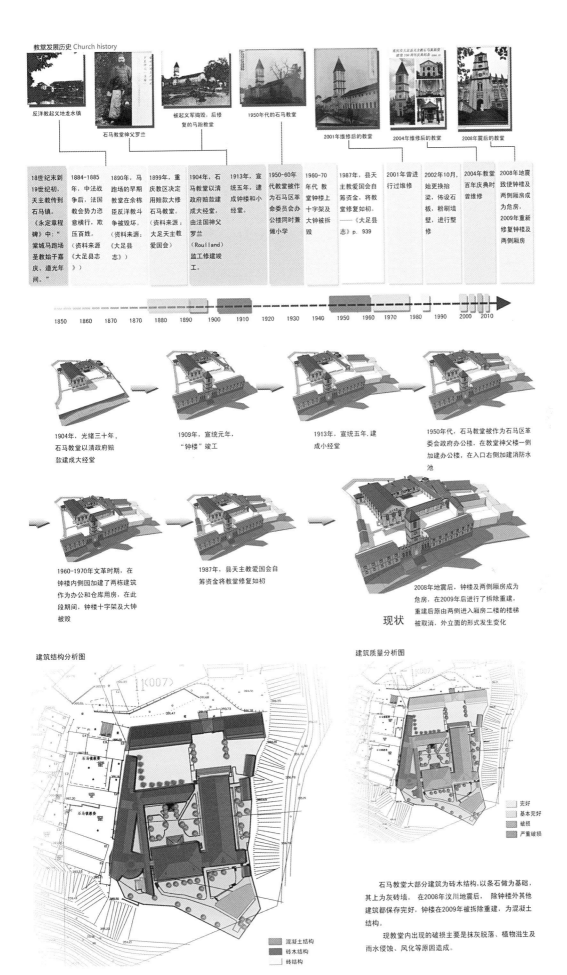

图6 "大足石马教堂文物建筑保护修缮设计"分析图系列

现存历史建筑的关系以及文脉问题，使新旧部分达到和谐统一。为了提出地区环境特色，选择的区域是山地，要求学生训练如何合理利用山地地形条件，节地节能，合理组织交通，创造丰富的建筑形象。其中历史建筑保护与修复设计包括：按照文物建筑保护修复的基本原则和方法，对现有历史建筑进行调查、测绘、评估，并制定各建筑的保护修缮方案。保护修复部分采用小组合作方式，以3位同学为一小组，共同完成1栋历史建筑的保护修缮设计。改扩建设计要求以修复的历史建筑为中心，结合抗战博物馆的具体功能要求，在红线范围内进行一定的改建和扩建，新设计部分应充分挖掘并展现历史建筑、场地，或抗战时段中蕴含的历史、文化内涵；同时，新增部分应充分尊重历史建筑，并与其共同书写场地新的历史，用地红线及展览的具体主题应根据前期的调查研究自行设定，基地面积 3000～4000m^2，由每位同学独立完成。

2011年的题目"大足石马教堂文物建筑保护修复与再利用设计"，主要任务包括文物建筑修缮和历史景观环境修复等。教学中侧重于让学生通过研究地方历史文献和实地访谈等历史研究方法，对百年教堂的历史发展进行科学考证，并以此为基础确定建筑群的保护修复整体思路和策略。在保护方法和技术层面，让学生学习适用于重庆地区物理环境的文物建筑保护修复技术和传统地方技术工艺手法的传承；在建筑文化层面，让学生能够进一步理解外来宗教在西南地区的本土化进程，以及在历史建筑平面形制、空间形态、建筑造型以及技术层面的表现形式（图6）。

4.总结

通过几十年建设与积累，我校教学效果明显，完成古建筑测绘项目80余项，为地方历史文化遗产保护和展示做了大量工作；同时学生作业多次获得全国大学生建筑作业评优认可，成为学院本科建筑学教学方面的重要特色之一。

（本论文获得重庆大学山地城镇建设与新技术教育部重点实验室资助）

参考文献：

[1] 陈蔚　我国建筑文化遗产保护理论与方法 [M].重庆：重庆出版社，2008
[2] 张兴国　重庆大学建筑城规学院中国建筑历史申报省级精品课程内部资料
[3] 冷婕　重庆大学建筑城规学院课程大纲内部资料

图片、图表来源：

表1：澳大利亚堪培拉大学学校网站（作者自译）
表2：作者自绘
表3：作者自绘
图1：意大利中国重庆湖广会馆保护规划设计项目组提供
图2：张兴国教授提供（摄影：何智亚先生）
图3：重庆大学建筑城规学院古建筑测绘项目组提供
图4：指导教师陈蔚提供
图5：指导教师陈蔚提供
图6：指导教师冷婕提供

作者：陈蔚，重庆大学建筑城规学院　副教授；邱小玲，重庆大学建筑城规学院硕士生

围绕体育活动的山地建筑课程设计教学

——以日本建筑新人战获奖作品为例

王桢栋　谢振宇

The Mountainous Region Architecture
Design Course Focus on Sports Activities
——A Case Study of the Rookies' Award for Architectural Students

■摘要：本文通过对同济大学建筑学山地俱乐部设计课程的调整和解读，以2011日本建筑新人战获奖作品为例，介绍任课教师以空间体验为核心，以模型制作和手绘透视为手段，以及以体育活动为线索的建筑与环境整体性思考教学思路。

■关键词：体验　建筑　环境　活动　整体性思考

Abstract：According to analysis the adjustment of the mountainous region club design course of Tongji University and taking the rookies' award for architectural students 2011 as example, this article introduces the holistic thinking of course, in which teachers use space experience as core, model making and interior sketches as methods, and consider architecture and environment under the lead of activity.

Keywords：Experience；Architecture；Environment；Activity；Integrate Thinking

1.同济大学山地俱乐部设计教学概况

　　建筑与自然环境是同济大学建筑学专业三年级阶段的重要课程设计，是以解决建筑基本问题为线索的系列课程设计中唯一强调地形要素的课程选题（表1）。

　　山地俱乐部设计作为这一课程的主要选题方向，已有相当悠久的教学历史。在8.5周的教学时段内，要求学生掌握基本的山地建筑设计方法，并培养学生在复杂地形条件下的建筑空间与形体组合的能力，处理好建筑与自然环境及景观的关系；同时，掌握俱乐部类建筑设计的基本原理，了解娱乐体育的一般常识；另外，要求学生以工作模型作为思考、构思及设计的手段，加深对建筑空间尺度及地形环境的感性认识[1]。

　　近年来，伴随教学实践探索，对课题进行了调整。归纳下来，调整主要包括以下三方面：

- 地形选择更具多样性
- 主题选择更具自主性

本课程与前后设计课程的衔接关系 表1

学年	学期	课程名称	教学关键点	选题
3	1th	公共建筑设计	功能、流线	社区图书馆、社区文化馆
		建筑与人文环境	形式、空间	民俗博物馆、展览馆
	2th	建筑与自然环境	景观设计、剖面外墙设计	山地俱乐部
		建筑群体设计	空间整合、城市关系、调研	商业综合体、集合性教学设施
4	1th	高层建筑设计	城市景观、结构、设备、规范、防灾	高层旅馆、高层办公
		住区规划设计	修建性详规、居住建筑、规范	城市住区规划
	2th	建筑设计专门化1	各类型建筑设计原理与方法	城市设计、观演、医疗、交通、建筑改建、室内外环境设计等
		建筑设计专门化2	拓展与深化设计知识	
5	1th	设计院实习	社会适应性	
	2th	毕业设计	综合设计能力	

- 功能组织更具灵活性

2. 课题调整解读

在课题调整中引入体育项目，旨在通过活动要素促进建筑与环境更为紧密的联系，进而引导学生从体验的角度深入建筑设计（图1）。

2.1 山地环境——建立建筑空间与自然环境的全面认识

任务书把基地范围确定在江南某市郊滨水山地[2]（图2，图3），基地范围内涵盖绝大部分山地类型。学生可在基地内任选部分用地用于建造建筑，但不可将建筑全部布置在水面或平地上。地形选择的多样性，要求学生对山地特性具有全面认识，促使学生在选择过程中考虑不同地形对建筑空间及形体组合的影响，以期达到让学生建立全面的建筑空间与自然环境关系认识的目标。

2.2 体育活动——展开建筑构成与自然环境的理性思考

任务书要求学生自行设计体育项目，并同时指出：用地可根据设计者对体育项目的理解自行布置相关内容，从总体上统一考虑建筑与活动场地的设计。体育活动选择的自主性，要求学生对活动和不同地形结合的可能性进行思考，进而对山地环境的三维空间场所在感性上能够相对准确地把握，对建筑构成与自然环境的关系上升到理性的思考。

2.3 建筑空间——设计使用者在建筑与环境中的空间体验

任务书除了要求布置若干体育活动用房，体育活动辅助用房，餐饮休息空间及行政办公、库房及设备用房等基本功能外，对功能选择给予了极大的宽容度。功能组织的自主性，要求学生更多地从使用者的角度出发，来组织建筑内部的空间序列，强化使用者的空间感受和体验，进而促进学生在思考休闲体育活动与现代生活关系的同时，对建筑与自然的关系加深认识，从而对建筑本质有更加深入的了解。

3. 课程教学安排

在教学实践中，学生对"环境—活动—建筑"的设计应该是整体性思考的，但是，在不同教学阶段，对于这三者的教学侧重会有所不同（表2）。

3.1 基础知识准备（环境）

在设计开始的第一周，除教学组年级大课外，要求学生分组针对山地建筑坡度与接地

图1 课题调整示意图

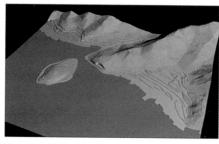

图2 基地模型

图3 东钱湖环境

教学安排表　　　　　　　　　　　　　　　　　　　　　　表 2

周数	时间	课程		内容备注	阶段
一	周一	◆年级讲课	小组讨论	大课讲题，小组布置基础知识作业	基础知识准备（环境）
	周四	基础知识准备		小组分析讨论构思——概念草图， 1：500 基地模型，场地分析	
二	周一	■基础知识及 案例分析汇报		基础知识分组 PPT，个人案例分析 ★交 b1 基础知识，b2 实例分析	
	周四	◆年级讲课		山地建筑设计原理讲课及实例分析	体育项目选择（活动）
三	周一	初步设计		小组集体讨论，1：500 形体草模	
	周四	初步设计	■年级交流	小组集体讨论，全年级讲评、交流（2 课时） ★交 b3 场地分析，b4 设计任务书 ★交一草图，1：500 草模	
四	周一	深化设计 I		小组集体讨论——深化平面，形体推敲 1：200 工作模型，室内空间透视	空间体验设计（建筑）
	周四	◆年级讲课	深化设计 I	环境与生态年级讲课 小组集体讨论——深化平面，形体推敲 1：200 工作模型，室内空间透视 ★交 b5 构成分析，b6 形态分析	
五	周一	深化设计 I		小组集体讨论——深化平面，形体推敲 1：200 工作模型，室内空间透视	
	周四	深化设计 I	■班级讲评	班级讲评——平面草模，形体草模（教师交换班级） ★交二草图，1：200 工作模型	
六	周一	深化设计 II		一对一改图——深化平面，形体推敲，深化立面， 构造设计，1：100 剖面模型	综合深入设计（环境－活动－建筑）
	周四	深化设计 II		一对一改图——深化平面，形体推敲，深化立面， 构造设计，1：100 剖面模型 ★交 b7 读书报告	
七	周一	深化设计 II	正草图	一对一改图——方案整体深化，细部与构造设计， ★交正草图，1：100 剖面模型	
	周四	深化设计 II	■年级讲评	全年级讲评、交流（2 课时），绘图注意事项	
八	周一	深化设计 II，绘制正图		一对一改图——绘制正图，细部与构造设计，模型制作，设计提炼	
	周四	深化设计 II，绘制正图		一对一改图——绘制正图，细部与构造设计，模型制作，设计提炼	
九	周一	■公开评图		邀请本校及外校专家参与评图 ★交正图，1：200 最终模型	最终讲评

注：本安排是在年级教学整体安排的基础上任课教师结合自身对课题的理解制定的小组教学计划

方式、山地建筑空间形态、山地建筑内部交通组织、山地车行交通、山地挡土墙设计以及山地建筑防水和绿化六个小课题进行自学。同时要求每位学生选取至少一个山地建筑案例，从与环境结合的角度分析其利弊。在第二周第一堂课对自学内容和案例分析进行 PPT 汇报，通过师生间的交流补充，在短时间让学生较为全面地认识山地建筑与自然环境的关系，为后期设计打好基础。

3.2 体育项目选择（活动）

在接下来的两周时间内，任课老师围绕体育项目选择，来指导学生制定任务书并选择基地。鼓励学生提供多种体育项目备选，并对其基本特征进行梳理。课程讨论强调以 1：500 的工作模型为基础，辅以草图、照片资料及数字模型。任课教师在教学中，着重引导学生思考所选体育项目结合不同山地环境能够产生的多种空间体验可能性，并总结相对平坦地形环境的优势。结合选定体育项目的特点，帮助学生选择设计基地并拟定任务书。

3.3 空间体验设计（建筑）

在随后的两周时间里，设计重心逐渐转向建筑设计。要求学生围绕体育项目与自然环境间的对话展开设计，通过空间设计捕捉并强化先前总结的特殊体验。以 1：200 的工作模型和建筑空间的室内透视作为这一阶段讨论的基础。任课教师在教学中，鼓励学生从使用者的角度，利用草图或数字模型的方式来进行室内路径体验设计，从而反思建筑空间与环境和活动结合的效果。

3.4 综合深入设计（环境－活动－建筑）

在最后的三周时间内，教学进入师生一对一深入交流阶段。任课教师在这一阶段，面对学生的不同特点进行针对性的辅导。鼓励学生以更大比例的剖面模型（1：50-1：100）来探讨环境、活动与建筑的关系，并进行建筑构造和细部设计。

4. 获奖作品评析

日本建筑新人战比赛是由日本建筑学会主办，建筑学专业三年级以下学生参加的课程设计竞赛[3]。2011年竞赛，国内共有同济大学、东南大学、天津大学、华南理工等九所院校参加。经过主办方的作品初审、入围邀请、展评和决赛，最终我院2008级建筑学的曾雅涵同学获得海外竞赛单元最高奖"青龙赏"[4]（图4）。

下面，就曾雅涵的参赛作品"山地轮滑俱乐部"设计进行评析：

4.1 环境思考

在设计最初的讨论中，作为轮滑运动的爱好者，设计者总结出轮滑运动追求刺激的特性，任课教师抓住这一点，鼓励她思考在山地上进行轮滑运动较之平地上能带来的不同体验。基于上述讨论，设计者通过思考，提出"山地轮滑俱乐部"的设计目标：利用山地环境的地形变化，来创造轮滑活动的丰富体验，并解决轮滑运动在平地上滑道坡度限制与追求刺激之间的矛盾（图5）。

小结：在设计初期，任课教师引导学生关注山地与平地不同的空间体验可能性至关重要。

4.2 活动叠加

在设计推进过程中，滑道与山地叠合的方式，滑道坡度与速度的控制，以及滑道与景观的结合是设计者核心思考的内容。设计者提炼出"离山"、"依山"和"嵌山"三种滑道与山体的基本关系，并结合不同的山地景观和滑道坡度来控制和组织滑道设计，以期创造出对应轮滑不同速度的"空中飞翔"、"感受自然"以及"触摸山体"三种特殊空间体验（图6）。

小结：在设计中期，任课教师引导学生通过活动体验来融合建筑与环境，这是此阶段的核心内容。

4.3 建筑设计

在设计深化过程中，对应之前设计者提出的目标，通过建筑设计来调整轮滑活动与山地环境的融合。设计者利用一系列基于使用者的小透视来探讨滑道体验与自然环境和建筑空间之间的可能性，通过建筑语言来限定使用者的空间体验，并进一步从视觉、触觉乃至听觉多方位强化使用者在滑道上的空间感受（图7）。

小结：在设计后期，任课教师引导学生利用建筑语言来限定和强化空间体验，帮助学生深入认识"环境 – 活动 – 空间"的关系。

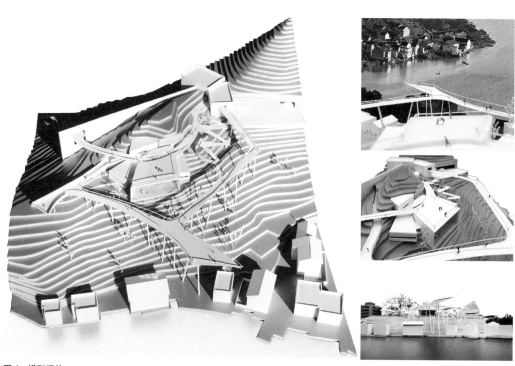

图4 模型照片

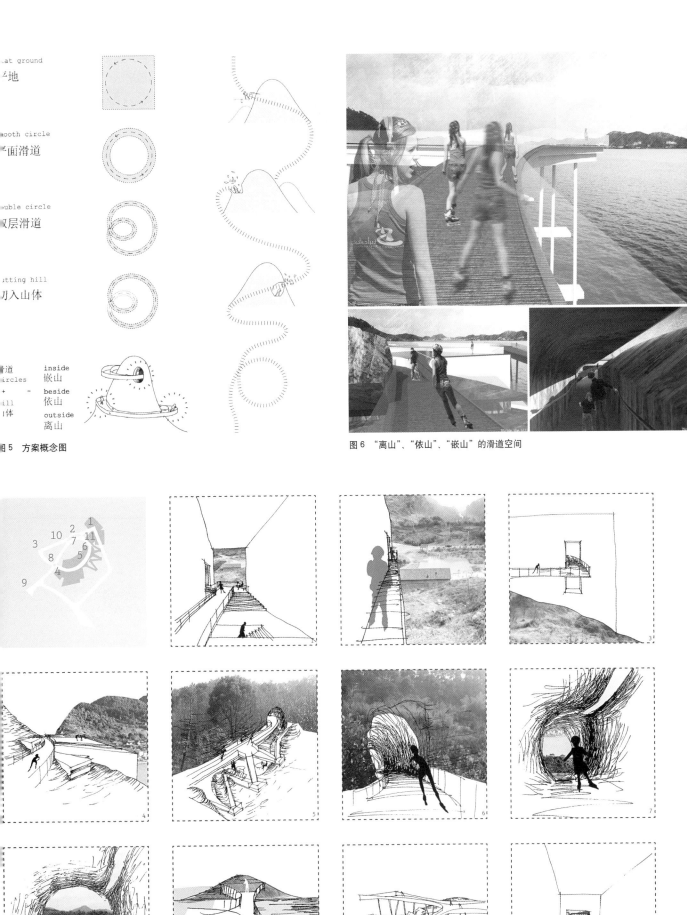

flat ground
平地

smooth circle
平面滑道

double circle
双层滑道

cutting hill
切入山体

滑道 inside 嵌山
circles + beside 依山
hill = outside 离山

图 5 方案概念图

图 6 "离山"、"依山"、"嵌山"的滑道空间

图 7 空间体验系列图

4.4 获奖评语

曾雅涵的参赛作品"山地轮滑俱乐部",选择轮滑项目作为山地体育俱乐部的活动主项,把山地环境、建筑空间与轮滑活动有机结合,精巧地建立了轮滑滑道与山体的关系、建筑与滑道的关系,实现了环境、活动、建筑的高度融合。

在点评中,评委老师[5]也指出了作品的不足:

1) 虽然活动结合墙体的动线起伏很有意思,但是关于安全性、栏杆设置及滑道的支撑等问题欠考虑,可以继续探究;(根据竹山圣评语提炼)

2) 虽然建筑较好地融入且利用了景观,但是方案并没有最大限度地发挥山体的可能性,设计对有些景观视野的把握不够准确;(根据远藤秀平评语提炼)

3) 虽然在地形和外部空间上出彩,但是内外连接以及利用山势所能达到的建筑空间等方面还很不够。(根据李暎一评语提炼)

5. 结语

归纳下来,山地建筑相较于其他类型建筑的教学,有以下的契机和特殊性:

1) 山地建筑教学的核心是解决建筑与自然环境和景观的关系,而体育活动的引入为二者的更好衔接创造了契机,并能有效激发学生想象力;

2) 山地建筑教学的重心是培养学生在复杂地形条件下的建筑空间与形体组合的能力,区别于平地,结合体育活动的特殊要求,原本建筑空间的刻意"做作"在山地中会变成因地制宜的"亮点"。

3) 在山地建筑教学中,工作模型和体验透视作为思考、构思及设计的手段,相比数字模型模拟,更为有效加深学生对建筑空间尺度及地形环境的感性认识。

我们试图通过对我校山地建筑教学调整的介绍和日本建筑新人战获奖作品的总结,来提供一种建筑学专业设计课程教学的视角和思考,以期抛砖引玉。

注释:

[1] 引自同济大学建筑系《山地体育俱乐部设计任务书》
[2] 基地原型为浙江宁波东钱湖地区
[3] 新人战比赛每年7～10月举行,已举办三届,从2010年起邀请海外国家的建筑院校参赛
[4] 这次日本建筑新人战比赛,国内院校成绩可喜,共获得3个"青龙赏"
[5] 评委老师包括:远藤秀平、竹山圣与李暎一

图片来源:

图1:作者自绘
图2:同济大学山地体育俱乐部教案,编者:孙光临副教授
图3:互联网
图4～7:曾雅涵同学山地轮滑俱乐部作业

作者:王桢栋,同济大学建筑与城市规划学院,同济大学高密度人居环境生态与节能教育部重点实验室　讲师;谢振宇,同济大学建筑与城市规划学院,同济大学高密度人居环境生态与节能教育部重点实验室　副教授

设计教学的过程性

张孝廉　侯旭龙　张伶伶

The Process of Design Teaching

■摘要：在整个设计教学中，过程性特征始终贯穿其中。本文通过对建筑设计过程的准备、构思和完善三个独立阶段的研究，使得建筑设计问题简单化，建筑设计教学明晰化，以期对我们把握整个设计教学过程能有所帮助。

■关键词：设计教学　思维　过程

Abstract：In the whole design of teaching, procedural features run through the teaching process. This article focus on the preparation, conception and perfection separate stages in the architectural design process, which may makes architectural design teaching simply and clearly. I hope that it can help us to grasp the entire design teaching process.

Keywords：Design Teaching；Thought；Procedure

　　众所周知，建筑设计是贯穿全过程的思维活动，建筑设计中每一次的进展都是建筑创作思维外化的结果，然而，回顾整个设计流程，随着构思的深化和完善，我们不难发现建筑设计是理性与感性相互交织，且过程性极强的思维活动。认识到这一点，无论对教师还是学生都有裨益。

　　建筑设计是主体必须经历的全过程活动，设计思维也有过程性的问题，这就需要我们了解建筑创作的过程性特征。这样的特征有以下两方面值得注意：第一，只有了解建筑设计思维的历时性特征，才能更好地把握思维共时性的特征。了解了建筑创作思维在设计过程中的总体规律，才能知道整个过程中各个阶段的特征，这是一个相辅相成的关系。唯有如此，才能对建筑设计思维的把握更加具体，更加深入，也使我们对建筑设计教学的研究更具有现实的意义，从而可以有效地根据学生的情况调整设计过程，在过程中不断运用多种图示表达，促进设计向前发展，促进建筑设计教学的高效性和可循性，提高学生的设计效率和水平。第二，从建筑设计的特点来看，它具有非常强的程序性，在创作的每个阶段都有明确的任务和所要达到的目标，所以在设计教学中，明确每个阶段的目标就显得十分重要。同时，建筑设计过程也是一个发现问题，解决问题的过程，过程中需要经过逻辑分析和优化处理，"逼近"设计本身的最佳状态。而解决设计所面临的主要问题与次要问题，需要弄清优化处理的孰先孰后，制订一系列的过程和步骤，解决每一个具体问题，要有相应的策略，遵循一定的思维活动规律。

总之，抓住了建筑设计过程性的特征，我们会将复杂的问题简单化，同时也能使设计教学的思路更加清晰化、明朗化。

虽然建筑设计具有"黑箱"特征，注定使其具有难以描述的特性，但是无论建筑设计过程多么复杂，从客观上讲，它都有一个从无到有、逐步完善的过程。在这个过程中，设计者将设计构思从形成到发展，再到完善，逐渐地物态化、可操作化，最终完成整个设计。经过进一步分析，我们又把建筑设计过程分成了三个独立的阶段，希望这对我们把握整个设计教学过程能有所帮助。

1．准备阶段

在建筑设计过程的准备阶段，由于要对所做项目有个总体的认识，因而大量的工作主要是收集各种资料和信息。在这个阶段，思维表达的方式受到资料要求和形式的限制。准备阶段对资料的收集是个复杂的工作过程，需要准备者耐心细致。无论采用文字图表、图示、模型还是计算机模拟等方式，都是以各种资料的记录为特征的。值得注意的是，记录并不是表达的目的，而是它的结果——培养学生运用建筑师的表达手段将基础信息内化，并以结果形式呈现出来。这个内化的过程，会让学生自身有所感悟、有所思考，更好地促进思维进程，以便更好地得出对设计题目有价值的认识。因此准备阶段的各种表达方式都应使表达和思维有机地结合起来，培养学生在设计过程中向建筑师的思维表达方式靠拢，培养学生对环境的感知能力，增强对环境认知的敏感程度。下面将通过对实例的分析，更具体地把握准备阶段的设计过程及其表达特点，对这一阶段做更进一步的阐述。

这是一个学生设计竞赛题目，其地块位于意大利名城威尼斯，是以老建筑改建或加建成为艺术家工作室的设计任务。接到任务后，学生对设计任务做了详细的考虑，收集到尽可能多的资料，对威尼斯城市特征进行了亲身的体验，画了大量的速写，并做了多次归纳与综合。经过分析后，认为三方面因素对设计有着举足轻重的影响：一是威尼斯的城市风情，城市界面的严整性；二是基地中两栋待改建的建筑被威尼斯的小河道隔开，缺少一组功能框架下的联系；三是老建筑与新建筑之间的对话关系。针对这样的任务，设计目标已逐步走向清晰：①如何维持威尼斯水体景观与城市建筑界面的完整性；②如何使两岸建筑加强联系；③如何处理新加建与老建筑之间的关系。

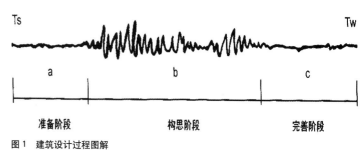

图1　建筑设计过程图解

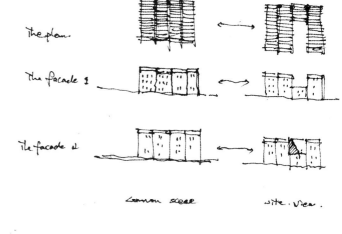

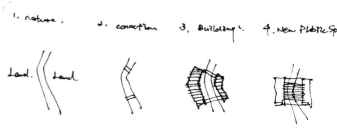

图3　基地的随笔记录与思考

图2　威尼斯基本城市空间解读的记录

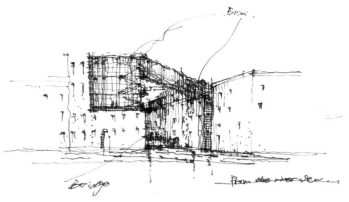

4 维持城市界面完整性和加建筑与老建筑之间的关联意向

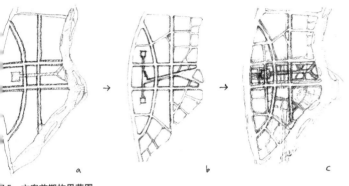

5 方案前期构思草图

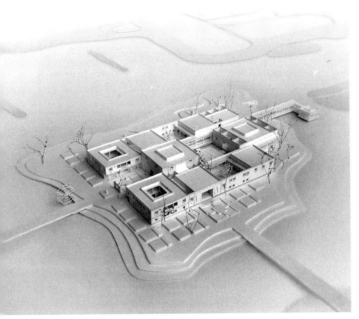

6 大比例的模型表达

2. 构思阶段

建筑设计过程的构思阶段是整个设计过程的主要阶段。在这个阶段，方案的构思在从总体到局部再到总体的反复推敲中不断地完善和发展，由此决定了设计过程的图示表达也必将呈现出多次反复和尝试的特征。这里既有对总体想法的比较和推敲，也有对次级问题的再探索。本质上说

是一种由设计总体到方案局部，再由局部调整到对总体效果的考量、探寻最优解的过程。总之，构思阶段的思维表达是一个非线性的、不断探索的过程。为了更好地理解构思阶段的整个过程，还需要把上述观点放到某个设计教学实例的设计构思全过程中加以理解和把握，下面我们将对某教学实例做较为深入的分析与阐述，从中进一步描述构思阶段的一般特征和规律。

这是学生的一个毕业设计题目，基地位于吉林市江北乡，地理位置优越，水资源丰富，将被打造为休闲商贸度假区。基地的主要结构通过四条主干道进行界定，沿主路，考虑城市意象形成一个"楔形"区域，城市意象由中间向两侧逐渐高起，在最低处形成视线通畅的城市公共空间。根据功能的需求，沿着基地左侧的省级道路形成三个区域，上半部分为物流区，中间部分为休闲娱乐区，下半部分为度假区。图中清晰地反映了构思阶段的过程性特征，不断地深入与推进。

3. 完善阶段

设计过程的完善阶段，是整个设计工作的进一步深化和发展。如果没有这个阶段的深化，一切都无法展现，好的构思也无法实现。所以一般而言，教师要十分重视学生在这个"后期"工作上的发挥与创造，帮助学生做出一个满意的阶段性成果，为整个设计教学过程画上圆满的句号。完善阶段的设计表达方式，从总体上看，是一种结果性的表达。这种结果性的表达要反映建筑方案的全部特征。也就是说，既要反映出建筑作为科学技术的层面，也要反映出它作为艺术创作的层面。这两个方面，实际上也是建筑设计过程中理性与感性的要求，因而完善阶段表达的侧重点，则应放在它的现实性和表现性两个方面。下面希望从实例分析中强化这种认识，从而对我们的设计教学工作能有更深刻的理解。

这个例子是"2010年Revit杯大学生建筑设计竞赛——低碳展示馆"的一个获奖方案。方案基地位于杭州西溪湿地公园内的一个自然小岛上。设计中着重解决了两方面的问题，一是如何在这样一个自然小岛上设计一个"和谐"的建筑；二是如何运用建筑和技术手段来体现节能技术和低碳精神。

经过准备和构思阶段的大量工作之后，方案在完善阶段也着重对上述两个问题做了最后的梳理，最终该方案运用了周边的湿地水源和南方传统的水轮车技术以达到能量互相转换的目的，再加以传统本质空间的黑白灰关系，运用室内、外廊、庭院三者正负风压的差值达到被动式节能特点，使得空气加速流动。在建筑的处理上，以一系列的主从有序的院落来组织展览馆流线关系，体现了中国传统建筑的精神实质。在尺度和比例等方

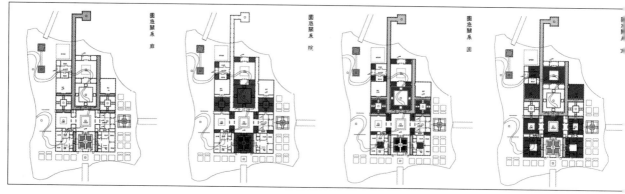

图7　院、景、轴、墙的图底关系

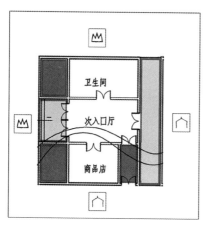

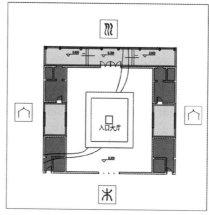

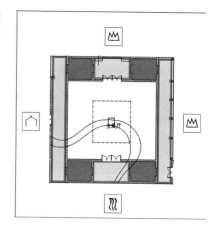

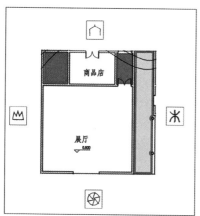

水輪之械　囷廊之術

輪之動，源于水動，人動，
輪之力，促室之氣，速之，
動之，以此，碳可低也。
囷廊之術，歸于室囷廊三者
之本，室羃白，囷羃黑，廊
羃灰，三者互融，光風互通，
憑此，碳木可低矣。

自然　水院　展廊　庭院　水輪

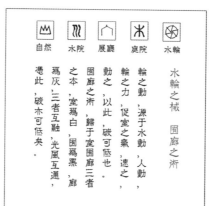

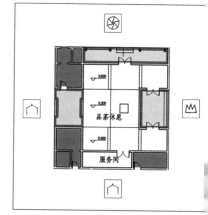

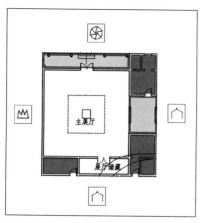

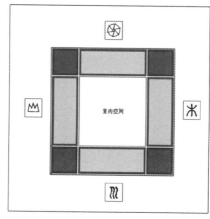

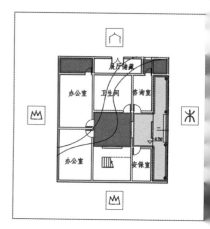

图8　展馆各部分空间的空间关系

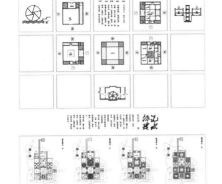
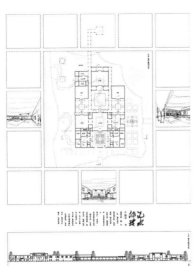
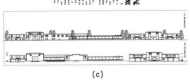

(a)   (b)   (c)

图9　最后成图

面做了深入地处理，并利用"院、景、轴、墙"等典型传统要素来组织空间序列，从而使得最初的构思得以有效地"物化"。

特别指出的是，这个方案在成果表达方面也是具有特色的。一方面，大比例的模型使得它有足够的真实性，线描图的表现手法使它表达严谨而且充分；另一方面，大胆的国画留白方式使得表达方法上也具有创意，顺应了构思的主题。可以说，这个方案在完善阶段的工作是行之有效的，从技术问题的处理和最终的表达上看，良好的完善阶段是方案取得成功的关键所在。

建筑设计是个过程，所以我们设计教学的过程性也始终贯穿其中。通过准备、构思、完善三个阶段，让学生体会到每个方案的设计过程，这个过程可以让学生的方案设计思路更加清晰，同时也能让别人能够理解，并接受方案。同时也是学生自身不断自我完善、自我超越的一个过程，这也正是我们设计教学的最终目的。那么在我们今天的设计教学中，如何培养学生在创作过程中去思考和表达自己的构想的能力，如何培养学生拥有一个较为科学的思考与表达体系，就显得尤为重要。方案从准备、构思到完善的过程是建筑学子思维最复杂、最活跃、最难以表述的阶段，也是每一个设计教育者最为关心的过程，对于这个过程的充分理解，必然引导我们更好地理解设计教学的目的与方法，也会更有效地指导学生的设计实践与学习，同时这种理性化的过程会使学生学会遵循较为科学的方法，驾驭好创作思维规律，从而更好地提高自身的建筑设计能力。

图片来源：
图1：张伶伶供图
图2、图3、图4：张孝廉供图
图5：侯旭龙供图
图9：张孝廉　杨翌晨　王喆　孙悦岑设计绘图

作者：张孝廉，沈阳建筑大学建筑与规划学院，助教研究生；侯旭龙，沈阳建筑大学建筑与规划学院，助教研究生；张伶伶，沈阳建筑大学建筑与规划学院　教授，博导

承上启下

——建筑学专业一、二年级设计课衔接问题的探讨

徐蕾　张敏　刘力

A Connecting Link Between the Preceding and the Following

——The Study of Cohesion of Architectural Design Courses in the First Grade and Second Grade

■摘要：通过对授课内容、教学组织形式、学生的思维类型与学习方式等方面的分析，发现建筑学专业一年级的建筑设计基础课程与二年级建筑设计课程存在着诸多区别。为了使两个年级更好的衔接，将一年级的最后一个教学模块作为研究重点，将其纳入一、二年级的整体结构中进行研究，提出了以真实环境为设计初始，空间为衔接骨架，简化教学内容等举措，取得了良好的教学效果。

■关键词：课程衔接　空间　整体　本质

Abstract：Based on the analysis on teaching contents, teaching organization forms, learning styles and thinking types of the students, we found there were many difference between the fundamentals of architectural design in the first grade and second grade. In order to made two grades connected better, we took the last of teaching modules in the first grade as the study point, and incorporated it into the two grades entirety teaching system, then we proposed real environment as the original design, spaced as cohesion skeleton, and simplified the teaching content. It surely obtain have obtained a good teaching effect.

Keywords：Courses Cohesion；Space；Entirety；Essence

　　我国大部分建筑学专业本科教育为五年制，在五年的学习与实践中，按照年级可分为低年级和高年级两个阶段，低年级作为专业教育的启蒙与入门阶段，要为学生打下坚实的理论基础，也承担着激发和建立学生对专业学习的兴趣与信心，培养学生主动的学习和认知专业与职业等责任。可以说，低年级教学的效果直接影响到学生在高年级阶段的学习成果，甚至今后的职业发展。

一、课程之间的区别

　　建筑学专业本科教育的低年级阶段包括一、二年级两个学年，很多建筑院校都是以建

筑设计基础课程和"类型化"的建筑设计课程构建而成。作为紧密相连的两个年级，其课程设置却存在着一系列的变化和区别。

1．授课内容的变化

建筑学专业一年级的核心课程——建筑设计基础课，是一门内容庞杂的课程，教学的目的是希望学生能够建立起较为全面的专业认知，因而授课内容多，范围广；二年级建筑设计课程的每一个题目是对某一类型建筑的设计，授课则更有针对性，更为集中。

2．教学组织结构的区别

由于授课内容的特征区别，一年级的专业教学强调"广"而非"深"，整体教学组织上呈现出内容结构之间的并列性，是一种广度型的教学模式；二年级的课程设置是针对类型的专题设计，在次序上由浅入深，属于深度型的教学模式。两个年级在整体的教学组织结构上有较大的区别。

3．学生主要思维类型的不同

一年级建筑设计基础课的教学鼓励学生以感性思维为主进行大胆构想，帮助学生打开思路，领会建筑学专业的学习特点与方式；二年级的建筑设计课以理性思维为主，在各个类型的建筑设计中学习建筑设计方法，熟悉建筑设计规范。

4．学生主要学习方式的变化

一年级的学生初次接触建筑学专业，认知是建筑设计基础课中的主要部分，学生对专业的学习主要也是通过实物感知和体验来进行的；二年级的学生虽然也有认知的教学环节，但更多的是在进行操作，通过具体的、实践性方案设计进行专业的学习。

通过以上分析，建筑学一、二年级的专业设计课在教学内容、教学模式和学生学习的特点上都不尽相同，因此实际教学中，两个年级之间的连贯性不佳，在衔接上就不可避免地出现了问题。学生普遍存在着学习方式转换不及时，对教学目标把握不准，不能快速顺利地完成一二年级的过渡问题。

二、教学改革的研究思路

为改善建筑学专业一、二年级设计课的脱节，课程组将改革的重点集中在一年级的最后一个教学模块，以此作为突破点，构建起一、二年级教学衔接的桥梁。在该教学模块的设计改革中，打破了传统教学观念的局限认定，不再仅仅从一年级的教学视角来看待这一环节的设置，而是将其放在低年级整体的教学体系中进行研究。通过分析与研究，笔者所在的课程组结合原有课程情况，对课程框架及与设置进行了一系列调整，构建起"微建筑设计"的设计模块，以此来组织和串联起建筑学专业一、二年级的设计课程。

"微建筑设计"模块是一年级基础教学，而同时又向二年级设计教学过渡的单元，改革不仅从教学框架上进行了过渡，对模块内的具体授课内容和教学方式也做出了调整。"微建筑设计"模块以培养学生正确的环境观入手，包括了环境认知与设计、空间与环境、空间与造型、空间与材料、整合设计五个环节（图1）。教学的编排引导学生遵循二年级建筑设计课程中由"整体——局部——整体"的思维方式完成题目，由设计基础课前期模块中并列式

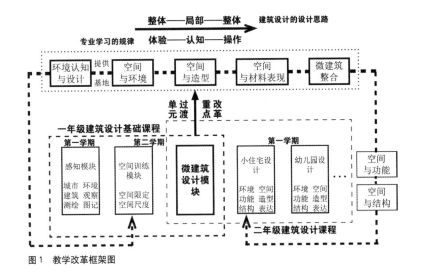

图1　教学改革框架图

的广度认知过渡到二年级设计课中线性的、有深度的思考;同时,学生也在该模块中经历"感知——体验——操作"的过程,整合后以实践性的图纸与模型展现设计成果,该过程奠定的关联性和逻辑性与学生的专业学习与认知规律相一致,学生的思维方式也预先与二年级建筑设计课相对接。在二年级建筑设计课中,再次出现的空间、环境、造型和材料等部分的教学则加深训练深度,形成循环知识单元的螺旋上升。

三、改革的具体措施

将"微建筑设计"模块置于一、二年级的整体教学中进行研究,从内容上进行一、二年级设计教学的相互搭接,对重点教学内容在侧重点、深度不同的前提下进行交叉覆盖,从而使学生的知识架构呈现螺旋上升的态势;参考二年级建筑设计课的题目和流程,一方面在模块内进行有深度的编排和组织,另一方面也对设计元素进行简化和提炼;增加训练逻辑分析与理性思维的教学内容,强化认知与操作并重。

1.以真实作为设计的初始

建筑学专业的学习,应该经历感知建筑——较为全面地认知建筑——设计建筑的过程。所以,一年级的学生在建筑设计基础课中进行了大量的感知与体验活动。在"微建筑设计"模块中,以校园中

真实环境作为对象,仍以感知为初始,这样就延续了一年级学生固有的学习方式。真实而熟悉的环境也有利于学生进行切身的体验(图2),更直观地帮助学生进行自我分析与思考,在感知体验之后,将现状分析、反思、设计纳入教学环节,引导学生进行深一层次的思考和操作,在学习方式上与二年级的设计课程成功搭接(图3)。通过以真实案例作为设计伊始,巧妙的教学环节设计,完成建筑学专业一、二年级设计课程中学生学习方式的顺畅衔接与转化。

2.以空间教学作为串联骨架

空间的认知与训练是低年级教学的重点,基于此,改革充分利用"空间"作为骨架串联起一、二年级的教学衔接。一年级第二学期的建筑设计基础(2)分为两大模块:模块一主要进行空间尺度与限定的训练(图4),模块二即"微建筑设计"

图2 学生在基地现场进行讨论

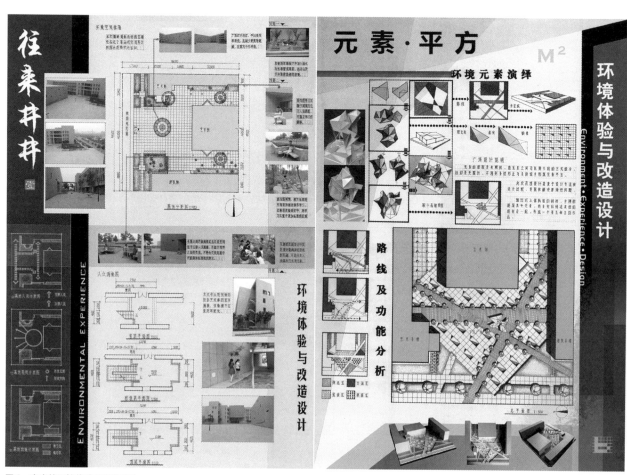

图3 真实的环境体验及改造设计

模块，仍围绕空间，进一步对空间与环境、空间与造型、空间与材料进行教学。一年级的学生逻辑思维主要以形式逻辑为主，针对这一特点，模块设计了环境、造型、材料等外显性的设计元素（图5），而将功能和结构等较为理性而又内隐的部分留待二年级再进行训练。一方面，训练内容的设置符合学生的思维特点和接受的难易程度，满足了各个学年教学目标和要求，另一方面，在教学设计的次序和步骤上也呈现系列化，为一、二年级的设计课建立起连接的骨架。

3. 梳理简化教学内容

课程组希望通过本模块的教学，使学生熟悉空间与环境、造型、材料表现的关系，能够解决它们之间简单的设计问题。模块打破了由平面入手进行设计的观念，传统建筑教学中不断强调的

功能和结构等设计要素并未进入教学和考核的范围，但建筑毕竟是一个整体，很多学生在进行教学内容的学习与操作时，已经逐渐感觉到，甚至开始考虑功能和结构的问题，这反映出模块的设计起到了引导学生主动思考与学习的作用，虽然学生自我延伸部分的思考与设计非常稚嫩，存在着很多的问题，但却在意识中树立起建筑的整体观念，带着问题进入后续的学习，为二年级建筑设计课及相关理论基础课提供了预先的体验认知与学习的空间。

学生普遍反映在学习中感觉到脉络清晰，要点突出，在学习中受益良多，尤其是对环境和空间建立了深刻的概念。两个年级的教师多次沟通交流，二年级任课教师反映出，相比之前的学生，经过"微建筑设计"模块训练的同学在二年级的

图4　学生的空间基础训练模型　　图5　空间与材料的训练

功能问题，在这里不再作为设计的出发点和首要解决的问题，这样为教学带来了一系列的变化。首先，从设计的起始就能直指建筑设计的核心——空间场所的营造，关注空间，进而培养空间意识。其次，没有了功能的限制和相关的设计工作，题目降低了难度，符合一年级学生的实际情况，学生也可以将精力更集中地放在空间的设计上，能够保证顺利完成设计任务。改革后，教学的目标和方向都更为明确，学生可以更好地把握教学脉络与教学重点。

四、结语

"微建筑设计"模块参与到实践教学后，由于真实校园环境的介入，学生是以设计者和使用者的双重身份投入到模块的学习中去的，他们普遍带有浓厚的兴趣，充足的设计动力与高涨的学习激情，为教学改革的成功打下了基础，双重的身份体验也为培养未来职业建筑师的责任感提供了机会。教学过程中，任课教师欣喜地看到学生展现出的空间想象力和创造力，同时也发现，虽然

学习中，能够更快地进入建筑设计课的学习状态，对于空间的认识与设计更加深入，为今后的学习奠定下坚实的基础。

基金项目：天津市普通高等学校本科教学质量与教学改革研究计划重点项目，项目名称："建筑学品牌专业建设综合改革与实践研究"，项目号：C03-0828

参考文献：

[1] 李严.一、二年级设计课衔接问题探讨 [A]. 全国高等学校建筑学学科专业指导委员会 福州大学 .2012 全国建筑教育学术研讨会论文集 [C]. 北京：中国建筑工业出版社，2012：414-416

[2] 李建红，陈静."介入式"空间训练教学法初探 [A]. 全国高等学校建筑学学科专业指导委员会 福州大学 .2012 全国建筑教育学术研讨会论文集 [C]. 北京：中国建筑工业出版社，2012：315-319

[3] 贾倍思.从"学"到"教"——由学习模式的多样性看设计教学行为和质量 [J]. 建筑师，2006，(1)：22 - 27

[4] 吕健梅，戴晓旭，陈颖.基于创新型人才培养模式的建筑设计基础课教学研究 [A]. 全国高等学校建筑学学科专业指导委员会 福州大学 .2012 全国建筑教育学术研讨会论文集 [C]. 北京：中国建筑工业出版社，2012：325-327

作者：徐蕾，天津城建大学讲师；张敏，天津城建大学建筑系主任　副教授；刘力，天津城建大学　讲师

触点激发与系统生成

——东南大学建筑学院与美国伍德布瑞大学建筑学院联合设计教学回顾

王海宁　张彤　史永高

Catalytic Intervention and Systematic Emergence

——Joint Teaching Studio of Architecture Design, Southeast University, China and Woodbury University, the U.S.

■摘要：近年来，东南大学建筑学院与美国伍德布瑞大学（Woodbury University）建筑学院通过7次联合教学，探索出一套基于系统观念的环境解析、设计策略及图纸表现的教学方法。本文对两校联合设计教学工作坊的理论立场、方法设置以及教学过程进行回顾与梳理，并对教学成果进行分析和反思。

■关键词：触点激发　系统生成　知觉化解析　针灸式干预　"脏图"表现

Abstract：The joint teaching studio of architecture design between School of Architecture, Southeast University and Woodbury University, the U.S. has been undertaken for seven years. By collaborations of persistence and effectiveness, a teaching programme based on the ideology of catalytic intervention and systematic emergence has been developed, which includes theories and methodologies of phenomenal reconnaissance, acupunctural intervention and dirty—mapping presentation.

Keywords：Catalytic Intervention；Systematic Emergence；Phenomenal Reconnaissance；Acupunctural Intervention；Dirty—mapping Presentation

至2012年，东南大学建筑学院与美国伍德布瑞大学建筑学院合作的联合教学已连续举办了七年，促成两校建筑设计教学长期而稳定的交流。在七年的教学合作中，两校师生逐渐探索出一套包含理论研读、田野调查、设计策略以及图纸表现的教学方法，其中内含着对急剧变化的当代城乡环境的认识观念与理论立场。本文对联合教学的课程框架、相关理论背景、教学方法与过程进行介绍，并对教学成果进行分析和反思。

1.理论立场：系统与网络交织的连续景观

20世纪90年代之后，建筑学的注意力逐渐发生了值得关注的变化：从个体的房屋拓展转向由建筑、基础设施、公共空间和自然系统共同组成的整体环境；由静态的、终端式的形态规划转化到时间进程中对于过程和机制的策略性设计。与传统聚落边界清晰、等级明确、形态特征突出的静态画境不同，当代城乡环境呈现出以下特征：无边界的水平蔓延，等级崩塌与碎片化，变化的流动性，系统与网络的层叠交织（图1）。这种特质从赖特的"广亩城市"模型中已能窥得雏形，而当代学者和建筑师们也在试图用自己的语言描述这一景象：雷姆·库哈斯以一种消解城市－乡村分野的"景"（Scape）来描述当代城市环境；史丹·艾伦以一种水平的"场域"（Field）状态来描述当代城市；基于统计分析和GIS的城市研究则将之转译为"数据景观"（Datascape）。总的来说，当今的城乡环境不能再被仅仅视为是建筑个体的集合，而更多地被视为一个有厚度的、由积聚的斑块和层叠的系统构成的有生命的毯状物。它水平延展，跨越传统认识上城市－乡村、人工－自然的二元对立，柔性、多元、混杂而互联，处在不断的变动之中。

面对当代城乡环境的这些特征，传统的建筑、城市、景观等学科正在突破原有的界限，会同生态学、地理学、市政工程、信息工程等走向交叉和融合。由此"景观"（Scape）成为一个核心概念，它在理论上综合了场地、领域、生态系统、基础设施网络、建筑环境，跨越从地理区域到建筑环境的广阔尺度，凸显了系统、组织、有机关联、生态学等主题。它认为自然系统与建造系统的互动成为决定城市形态的基础，它调动起一系列关联的网络，成为城乡环境的基底，为建筑、基础设施、开放空间、自然系统提供共存、交织和发展的基本结构，并容纳、策动动态的过程和事件。因此更加接近于城市真正的复杂机制，并提供了与传统的、自上而下的静态形态规划不同的学术视角和操作方法。

东南大学与伍德布瑞大学的联合教学，以此为理论背景，历年来选取城乡环境中最为脆弱、易变的结构，如变迁中的传统街区、城乡结合区域、以及城市化进程中面临剧变的乡村聚落等作为研究对象。这些地区的系统构成相对复杂和不稳定，进而造成空间形态的破碎和景观的杂糅。同时，教学目标不再是简单的设计一个建筑，而是引领学生从新的视角去审视身边的环境，理解其运行的内在机制，并尝试改变设计策略，关注时间进程中的干预与控制策略（图2）。

此外，由于近两年的教学选择徽州农村作为设计基地，对中国农村问题的思考也得以引入。随着城市化的进展，中国农村以传统农业经济和血缘、地缘关系为基础的稳定结构正在崩塌，普遍面临着经济发展模式的再选择，生态环境保护，传统社区结构与文化变迁，地域景观特色消解等问题，对于双方师生来说都具有很大的挑战性。

2.课程结构与教学方法

2.1 课程的组织结构

虽然教学中的重头戏——南京工作坊联合设计为期只有三周，但实际上教学互动几乎贯穿整年。一般来说，每次教学两校各有三位教师全程

图1 碎片化的城乡环境

古民居天井中的研讨课   联合设计答辩

古民居内的设计工作室   与国外建筑师交流   城市与建筑考察

图2 丰富的教学环节设置

参与，七年来教师虽有调整，但保持着较强的连贯性，以保证教学水平，并力求每年有所推进。一个完整的教学周期从上次教学结束时即已开始：双方教师通过互联网进行交流，总结经验得失，共同商讨下次教学的内容及计划，调整、制定任务书。春季学期开始时，中美双方各自招募有意参加的学生，总数控制在四十人左右。东南大学一方的学生来自研究生一年级，专业并不仅限于建筑设计，还向其他国家的交流学生开放。伍德布瑞大学学生既包括本科低年级学生也有研究生，专业跨越建筑、城规以及景观设计，很多学生曾有工作经历，为教学带来了多元的文化氛围。

五月下旬，美方师生完成对北京、上海、苏州等地为期一周的城市考察后抵达南京，与东南大学师生会合，共同开始在南京工作坊的联合设计。中美学生按照不同年级、专业相组合的原则被分为数个小组，每组4～6人，学生根据兴趣选择研究主题进行合作探索，共同完成设计成果，并强调各组间的共同研讨与密切配合。

南京工作坊结束并完成答辩后，双方师生将分别在本校调整深化设计方案。之后的暑假中，中方师生赴美与美方师生共同工作一周，完成最终成果并举行答辩和公开展览。接着中方学生在美国进行两至三周的城市考察，期间会在伍德布瑞大学听取学术报告，参观数个建筑师事务所，并与宾夕法尼亚大学建筑学院等美国著名建筑院校进行学术交流。回国后须完成研究报告。

联合教学南京工作坊以双方师生协同工作的田野调查、问题分析和设计干预为重点和主线，同时贯穿了理论研读和图析表达这两条平行线索。学生通过理论研读及共同探讨，能够对教学所秉

持的理论立场、研究方法形成较为深刻的认识。而图析表达则是本项课程中独创的作图方法和研究手段，与形式表现型图纸的绘制要求不同，图析表达不仅能够提高学生的图纸表现力，更是一种对思维方式的训练，学生的最终成果包括调研和空间设计两个部分，都必须运用此项技术来予以表现。

2.2 教学方法与教学过程

2.2.1 田野调查——知觉化观察、记述与图析

田野调查阶段的教学目标是培养学生观察、比较、分析、记录的技术方法。与通常的基地调研不同，课程中调研的视角十分开放，强调研究性，系统关联的理念贯穿始终，同时重视抽丝剥茧的梳理分析过程，即从资料收集型调研转向问题探究型调研。建筑及城市空间是本学科的研究主体，然而站在其他学科，例如社会学的立场中，建筑及城市大多作为研究背景存在，或是受某种社会现象影响而形成的结果。采用他者的视角，意味着跳出本学科的视野束缚，变换角度去审视熟悉的事物，观察物质空间与其他系统间的关联及相互作用，从而探寻空间背后的深层规律。

如此，多学科的调研方法得以引入，既包括空间形态观察法、总平面分析法等常规调研方法，也包括田野调查、社会学问卷、产业调研等跨学科方法。记录手段不限，包括观察、笔记、草图、照片和视频、访谈、问卷、统计、收集或拓印物品，等等。

研究目标的设定会对调研成果形成强烈的导向性。双方教师在对所选基地的系统整体进行分析后，提取其中具有关键作用且关联紧密的子系统，归纳为研究专题供学生深入探索。如2007年

针对变迁中的传统街区——南京南捕厅地区的研究专题有商业、社会阶层、城市肌理、空间边界、绿地、人口、交通、水；2008 年，以城市中紧邻长江的老工业区——南京下关地区为基地，设定的专题有绿地系统，作为基础设施的水系，废地更新，工业与物流，商业模式，历史遗迹，公共空间；2009 年，针对位于城乡结合部的南京江心洲地区的交通与公共空间，住宅与商业，水系与动植物，以及物质与能量四个方向进行了探索；2010 年，同样是江心洲基地，则将专题进一步细分为商业、活动、自然、信息、能量、物质、时间、社会；2011 年，以徽州农村为基地的研究专题有住宅与人居、交通、能量、社会变迁、经济、食物、水、地形与水文、动物及生物。2012 年，面对同一基地，则更关注与空间系统关联密切的人居环境、园林、住宅类型、公共空间、建构、基础设施、社会变迁等研究方向。

这些研究主题充分体现出本项联合教学对于系统关联立场的强调。首先拟定主题的针对性强，与特定基地间存在密切关联。其次，很多主题以往在建筑学领域甚少被涉及，如食物、动物、信息等等，显示了本课程开放的视野以及对系统地深入挖掘，学生通过探索，会发现各系统紧密交织叠合并相互产生不可忽视的作用。再次，同样的主题放在不同基地中，学生的探索也会有很大差异，例如对于"商业"这一主题，研究南京南捕厅地区的学生关注的是商业类型与人群消费方式的多样化，以及流动商业的意义和作用，而研究徽州农村的学生则关注商业对于当地农民的民生意义以及与旅游业的衔接，表明每个特定系统都有其内在的运行机制和发展方向。最后要强调的是，这种命题式的调研并没有对思考形成束缚，相反拓展了学生的视野，结果也非常有趣，学生们不仅发现各系统之间存在关联，也能更深刻地理解人居环境与其他系统间的依存关系。

虽然调研只有一周时间，但通过借鉴人类学田野调查的方法，无论白天还是晚上，学生都充分沉浸在调研环境之中，对于之前相对陌生的一些社会、民生、环保等问题有了较为深刻的感受和思考，讨论也触及了如传统社区的衰败与更新、

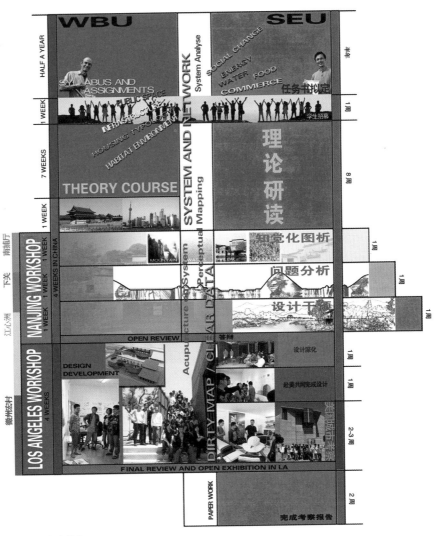

图 3 课程组织结构

流动人口、空心村、经济发展与体制限制、传统技艺与文化的流失等广泛而深刻的议题（图4）。

最终，调研成果不仅包括学生在田野中完成的绘画、草图、图示、照片、笔记，以及小组共同完成的"脏图"等（详见下文），还包括经过大量讨论而形成的对基地的认识，对设计的初步设想，以及阶段性共识乃至分歧，成为之后设计的基础和起点（图5，图6）。

2.2.2 针灸式干预——触点激发与系统生成

在田野工作及共同讨论之后，每组学生从系统中发现的问题出发，深入分析，自主设定项目，自选基地，通过中小尺度的干预性设计，达到触动和激发系统逐渐完善的目标。

传统的设计方法是对独立个体的画面式描绘，而如果对城乡环境的认识转变为系统与网络的组成和动态变化的进程，那么设计的态度和方法也需转变为对系统运行机制的调节和促发。找到系统运行的关键节点，作用于它，从而激发整个系统的运行机制，使得整体环境得以健康有益的发展，这种"触点激发，系统生成"的方法更像是将人体视作经络系统组成而进行的针灸疗法（Acupuncture）。对象作为系统，具有自组织、自运行和自我更新的机制，而设计是激发式和策略性的。

设计首先不是面对固定任务书的图形描绘，而是将设计对象视作一个大的系统的组成或节点，从系统的关系和运作中发现问题，寻找内在需求；从空间和材料的途径，通过策略性和动态的方法，

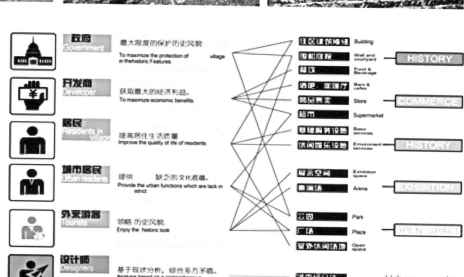

图4 徽州宏村及周边地区"Tectonic"专题的调研活动及相关分析（2012年）

图5 南京下关地区"Water"专题的图析（2008年）

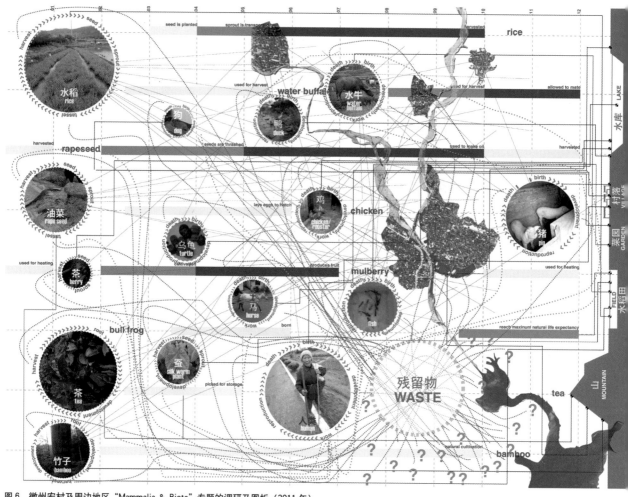

图6 徽州宏村及周边地区"Mammalia & Biota"专题的调研及图析（2011年）

提出方案，目的是激发整个系统的运作，在相互关联中积极演进，获得整体质量的改善和提高。总之这样一种设计方法及过程的训练，试图促使学生去思考物质空间在系统整体中的作用以及与其他系统间的关系，从而加强设计的洞察力，设计过程的逻辑性，以及在过程中干预与控制项目的策略性思考。

有趣的是，最后每个小组的设计意图并非只局限于本系统的范畴，而是试图通过系统整体质量提升的方式来达成目标，这表明学生已认识到，子系统的问题往往与其他系统以及地域环境整体存在千丝万缕的关联（图7）。

此外，学生对设计目标的设定及项目实效的思考体现出了社会相关性（Social Relevance）理念的影响。教学过程中通过特定基地的选择、教学环节的设置以及教师的引导，使学生针对与社会经济文化发展以及特定人群的需求关联紧密的实际问题进行了认真思考，从而在很多设计中都体现出强烈的社会责任感和人文关怀，从另一角度来说，也使学生获得了更有力的设计切入点，为设计提供了说服力和发挥的空间。

2.2.3 "脏图"——有厚度的信息呈现

采用"脏图"（Dirty-Mapping）这一课程中独创的作图方法同样也是基于系统的观念，即用一种具有信息厚度的图析方式来诠释系统的内容及系统间的叠合与交织关系。

图析不是对结果和对象的直接描绘，它是一种开放的方法，容纳不同层面的信息与多样的工具技术。在绘制的过程中，处理信息，找寻规律，剖析问题。与当代城乡环境系统层叠的特性相对应，脏图不是单薄的图面，而是不同信息层的叠合，具有内涵的厚度与纵向关联的深度。同时，这种技法能够形成醒目而充满视觉冲击力的图面效果，传递绘者的直觉与情感。

课程的成果要求两张大幅面图纸。首先在田野工作之后，每组学生通过一张多比例并存、复杂层叠、细部丰富的"脏图"来展示调研成果，一般包含了三个图层：第一层标示学生所调研基地的现状信息：场地位置、边界等；第二层包含对所研究子系统的记录和分析，包括图示、照片、图表、文本、说明等等，图面因充斥了多样而具体的信息而显得"脏兮兮"。然而图面组织却需要非常严谨的结构，即不仅要考虑图的内容，也要考虑通过构图的逻辑揭示系统的品质，从而引导观者能够将呈现的信息联系起来加以阅读，获得清晰的认识以及对内容的深度理解。经过对前两个图层的提炼和抽象，第三个图层接近一种模式图，诠释学生通过分析、抽象形成的对系统的认识。三层叠合之后，观者能够了解所示信息的空间位置，也能够理解到信息之间的复杂关联。

与之相似，设计阶段的成果表达也呈现为一幅多层叠合交融的、具有内容厚度与纵深关联度的"脏图"，但侧重表达设计项目的问题、分析、逻辑生成、具体形态以及运行的方法与机制。首先是设计项目基地的记录及分析图层，包括基地位置、范围、现状等信息，并通过图示、照片、图表、文本等表达基地中各系统间的关联。第二层则展示平面、剖面、轴测、透视等设计图纸。第三层是对设计概念及所设想项目运行机制的分析。三层叠合之后，不仅呈现设计的具体形式，观者也能够了解设计内在发展的逻辑。

"脏图"的制作鼓励各种表现方式的呈现，给了学生极大的发挥空间，除了平面的图示之外，照片、速写、笔记等均可层叠拼贴，甚至收集的实物，如建筑材料、物品、方案模型都可叠加上去，形成有物理厚度的图面。当然，图纸内容的组织须十分严谨，即表达信息、素材与所研究系统之间的关系。这种练习能够激励学生去思考、探索所获得信息的真正意义以及在系统中的位置。当然，最终的两张图纸应具有密切关联，不仅在于图纸的风格和构成形式，也在于共同表达了设计的逻辑关联与纵向联系。因此"脏图"的制作更多体现为一种对设计思维的训练（图8、图9）。

3.意义与反思

3.1 教学中的创新

本项联合教学对于参与过的双方师生及院校来说都具有重要的学术价值。教学的理论框架以景观都市主义的视野，研究当代城乡环境的特征与发展模式，突破固有的学科分野，触及建筑学发展的理论前沿；在方法上，探索触点激发和系统生成的设计策略，既要求对系统内部进行入微剖析，也必须对系统整体及运行机制加以理解，引导学生由关注规划及设计的静态形象，转向思考设计运行的干预和控制策略。具有独创性的"脏图"表现法赋予了图纸更大的表达空间，从而具备了表达多个系统、多种维度、多个视角，并包容不同材料与技术方法的能力。

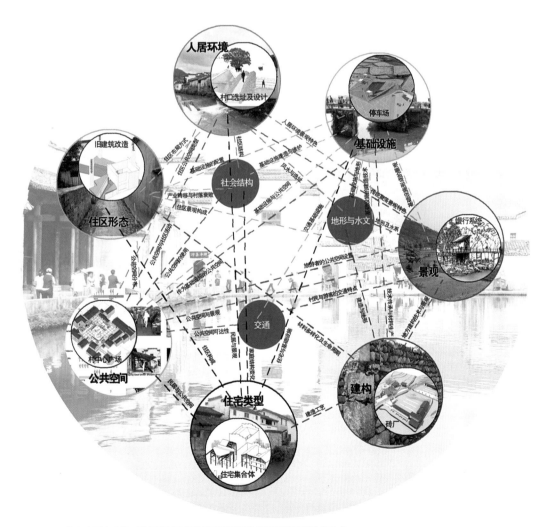

图7 2012年七个研究小组对徽州宏村及周边地区的系统分析及形成的设计切入点

图8 2010年南京下关基地"Material"组最终成果，使用了多种素材包括设计模型进行拼贴

图9　2009年南京江心洲基地"Naturatecture"组最终成果，使用照片、分析图表、建筑图等多种素材对研究主题及设计项目进行深度分析及综合表达

3.2 对于参与者的意义

东南大学建筑学院对于中国当今城乡问题具有充足的理论知识积累和长期实践探索的经验。美国伍德布瑞大学建筑学院教师具备不同学科的知识背景和工作经历，教学方式更开放，鼓励学生的自主探索和合作互动。在教学过程中，两国师生通过频繁交流，各取所长，促进自身理论水平和教学观念的更新，对教学形成推动，也为日常教学的教案改进提供了借鉴思路。

对于参与其中的中方学生来说，通过课程能够接触到来自学科前沿的理论方法，而田野调查以及异国考察开阔了认知视野，全英文授课和高强度的工作方式锻炼了合作和应变能力，同时在教学过程中学生有机会对自身能力进行较为客观地评估，因此参加了本项教学后，赴国外留学的中方学生并不在少数。而美方学生通过这项教学得以亲身体验高速发展中的中国城乡，认识理解不同社会生活和价值观念，这一经历是非常宝贵的。联合教学开拓了全球职业的选择视野，一些美方学生在毕业后来到中国开始自己的职业生涯。

3.3 反思

当然，教学中仍有很多问题需要反思，其中最为突出的难点在于对多环节教学进程的控制和衔接。联合教学给予了学生更开放的探索空间，与此同时教案的设置和教师的引导就显得更为重要，必须确保学生在短时间、多线索的工作中始终遵循自己的研究目标，保证研究和设计发展的逻辑清晰，以及各工作程序之间的紧密衔接。而这一点并不容易实现。原因在于，首先学生对于本项教学的理论立场及相关研究方法的熟悉程度及接受度仍显不足，在较短的设计周期中难以熟练运用。其次，在小组合作中，由于文化背景、工作习惯乃至生活方式上的差异，导致中美学生间容易发生分歧。最后对于中方学生来说，在以往的日常教学中习惯于按照规定好的任务书做设计，当面对开放度很大的探索性工作并需自我决策时，可能会因线索过多而无所适从，难以在短时间内顺利完成"问题探寻——分析推导——设计切入"的整个过程。改善这些问题，更好地引导设计进程就成为今后教学中需要努力的方向。

附：历次联合教学中参与的东南大学教师有龚恺、张彤、吴锦绣、夏兵、史永高、王海宁。伍德布瑞大学教师主要有 Annie Chu，Catherine Herbst，Doglas Cremer，Eric Olsen，Ingalill Wahlroos-Ritter，John Southern，Marcel Sanchez，Nicholas Roberts，Roland Wahlroos-Ritter，Scot URIU，Thurman Grant，Tim Durfee。特别感谢 Nicholas Roberts 教授对此项联合教学的辛勤付出与卓越贡献。

参考文献：

[1] Charles Waldheim，The Landscape Urbanism Reader，Princeton Architectural Press，2006

[2] James Corner，Recovering Landscape：Essays in Contemporary Landscape Architecture，Princeton Architectural Press，1999

[3] "Infrastructural Urbanism" in Stan Allen，Points + Lines：Diagrams and Projects for the City (Princeton Architectural Press)，46—89.

[4] David Leatherbarrow，"Introduction：the Topographical Premises of Landscape and Architecture," in Topographical Stories：Studies in Landscape and Architecture，1—16.

[5] James Corner，Alex S Maclean，Taking Measures across the American Landscape，New Heaven：Yale University Press，1996

[6] Edward S. Casey，Earth-Mapping：Artists Reshaping Landscape，University of Minnesota Press，2005

[7] Edited by Denis Cosgrove，Mappings，Reaktion Books，1999

[8] YilmazDziewior，Nina Muntmann，Till Krause，Daniel Maier-Reimer，Mapping a City：Hamburg-Kartierung，HatjeCantz Publishers，2004

[9] [美] 斯坦·艾伦著，任浩译，点 + 线——关于城市的图解与设计，北京：中国建筑工业出版社，2006

[10] 李翔宁，20 世纪的西方城市理论概述，卢永毅主编，同济建筑讲坛：建筑理论的多维视野，北京：中国建筑工业出版社，2009，197—208

[11] [丹]Marie Stender，王伊倜译，民族志方法在公共空间设计中的应用，建筑学报，2011 (1)

作者：王海宁，东南大学建筑学院建筑系 讲师；张彤，东南大学建筑学院建筑系系主任，教授 博导；史永高，东南大学建筑学院建筑系，副教授 硕导

建造模式的选择及其意义

——关于东南大学（SEU）－苏黎世高工 (ETH)"紧急建造"联合教学的思考

李海清

The Selection and Significance of Building
Mode Reviewing and Thinking about the
Joint Teaching on "Urgent Construction"
Between SEU and ETH

■摘要：通过"紧急建造"联合教学的理论梳理与实践检讨，指出建造模式选择的意义在于：如何建造决定如何设计。
■关键词：建造模式 "紧急建造" 联合教学
Abstract：Based on theoretical sorting and practical reviewing about the joint teaching on "Urgent Construction"，this essay is trying to point out that the building mode defines architectural design。
Keywords：Building Mode；"Urgent Construction"；Joint Teaching

　　研究需要假设。而假设又并非杞人忧天。

　　墨脱，在遥远的雪域高原，是全国最后通公路的县，而今，其乡镇间交通依旧极为艰险，仍靠"徒步＋背囊"来运输货物。如果要在这里修建"希望小学"，应该如何设计？或者，曾发生于 1950 年 8 月 15 日的墨脱大地震（里氏 8.5 级）天灾重演，其灾后过渡安置房又将如何设计？

　　近 10 年，全球大地震次数明显增加，而中国以占世界 7% 的国土承受了全球 33% 的大陆强震，是大陆强震最多的国家。仅今年以来，中国发生的里氏 6.0 级及其以上的强烈地震就有甘肃岷县漳县（6.6 级地震）和四川省雅安市芦山县（7.0 级地震）两处，而 2012 年度中国共计发生里氏 5.0 级以上中强度地震 19 处。巨大的灾后救援工作量所必须匹配的灾后过渡用房建设是关系到社会稳定、耗资极为可观的系统工程。

　　目前在中国，市场占有率最高的灾后过渡常用建筑产品为活动板房。它确实能够在较短时间内满足较大量的灾后过渡居住需求，但其自身也存在明显缺陷：①现浇钢筋混凝土基础工程由于养护需求而导致施工周期较长，救灾使用的及时性相应被削弱；②活动板房采用预制装配施工工艺，轻钢结构和复合彩钢板在理论上虽然可以循环利用，但由于大量节点使用螺栓，拆卸过程中的破损率较高，不仅导致部分配件报废，而且严重影响重新安装后的几何精准度和气密性，建筑性能随之明显下降。

有没有可能研发可替代它的新型产品？

始于 2010 年的东南大学（SEU）建筑学院与苏黎世联邦理工学院（ETH）建筑系〝紧急建造〞联合教学，其目标就是以此为导向来制定的。该联合教学最显著特征在于：结合建筑产品研发展开建造设计教学，终端的成果形式是可以投放市场的建筑产品。与一般意义上的建造教学相比，它不仅要考虑建筑学科内部的技术问题和观念问题（学科的自主性），还要顾及市场准入所涉及的一系列制度问题（学科的延展性）；这样的建造教学过程，不仅要带着学生盖房子，而且要让学生明白，即便盖起来，也有可能完全是无用之物。由〝小我〞的塑造转换成〝大我〞的实现，对习惯于个人主义而缺乏必要的团队意识的建筑学人而言，其意义是不言而喻的。

1 〝紧急建造〞联合教学三个学年以来的发展概况

1.1 应对突发性自然灾害的教案设置

2010 年 8 月，东南大学建筑学院与瑞士苏黎世联邦理工学院（Eidgenössische Technische Hochschule Zürich, ETH）建筑系开展了首次实体建造联合教学，主题为〝紧急建造／庇护所〞（Urgent Construction/Shelter）。所谓〝紧急建造〞，指的是应对突发自然灾害和临时公共事件的快速建造，而〝庇护所〞这一界定，将研究对象范围进一步

缩小，即只针对因自然灾害和人为灾害造成的建筑损毁而引发的替代空间的建造，必须能遮风避雨，有相对完善的气候边界。这一主题的联合教学在此后的三年以来一直在持续。

具体而言，〝紧急建造〞2010 年度的教学目标是建造一个 3m×3m×3m 的基本建筑单元（图 1、图 2）这样的尺度既可确保满足基本活动或居住需要，又不至规模过大以至于建造实验无法完成。在教师们的指导下，通过所有参与同学的努力，在东南大学校园内最终实际成功建造两组这种基本的建筑单元，并在校园内公开展示至今。其问题在于，没能充分考虑灾后救援的实际状况：灾后救援不同时期的实际需求之区别，建造实施的经济技术条件、产品运输模式等。

〝紧急建造〞2011 年度的教学目标是，建造一个参考 12 英尺国际标准海运集装箱尺寸，并采用铝合金型材为主材的基本建筑单元（图 3、图 4）。可以说，这是第一次真正考虑灾后救援实际状况的教学实验。在理论上，通过瑞方教师大量采信外语文献，厘清了灾后救援的三个典型时期及其建筑需求目标[1]；在设计与建造实践上，明确采用了工业化铝合金型材和预制装配工艺，并尝试研发复合无机保温材料的外墙板——保温装饰一体化的外装技术。

〝紧急建造〞2012 年度的教学目标是在 2012 年毕业设计成果的基础上，建造 4 个相当于 12 英尺国际标准海运集装箱，并采用铝合金型材为主

图 1　2010 年度〝紧急建造〞联合教学搭建现场（1）　图 2　2010 年度〝紧急建造〞联合教学搭建现场（2）

图 3　2011 年度〝紧急建造〞联合教学搭建现场（1）　图 4　2011 年度〝紧急建造〞联合教学搭建现场（2）

材的组合建筑单元,实现单元体水平向扩展组合。主要的研发技术要点在于:①模块化的太阳能设备系统和基础平台系统;②复合有机保温材料的金属墙板,内保温构造方案;③能耗供给与消耗的平衡方案(Schedule);④单元体水平向扩展、拼接的技术设计与工程设计;⑤外装多样化与造型设计可选择性。这些技术要点最终都在2012年冬季建成的江宁区横溪镇台湾农民创业园办公用房中得以体现(图5、图6)。

即将开始的"紧急建造"2013年度的教学目标是:在2013年毕业设计成果的基础上,建造10个相当于12英尺国际标准海运集装箱,并采用铝合金型材为主材的组合建筑单元,实现单元体水平向和竖直向的双向扩展组合。主要的研发技术要点在于:①整体厨卫系统;②建筑自持力赖以维系的太阳能光电与光热双系统;③复合无机保温材料的墙板,"内保温+通风间层"方案;④单元体竖直向扩展、拼接的技术设计与工程设计。这些技术要点将结合国家"十二五"科技支撑计划课题"水网密集地区村镇宜居社区与工业化小康住宅建设关键技术研究与集成示范"(2013BAJ10B13),都将在江苏常州湖塘镇卢家巷农民安置小区配套公建用房中加以体现。

可见,"紧急建造"联合教学不仅在教学目标上迥异于传统的建筑设计教学,而且在教案设置与管理制度上具有连续性和稳定性,便于一个团队长期、持续地进行深入探究。这一点,与产品研发的周期模式是基本相符的——从立项、概念机、"硬件设计+软件设计"、样机、"调试+测试"、定型、小批量投产直至规模化生产,也印证了现代工业产品的研发战略:装备一代,研制一代,预研一代,设想一代。

1.2 通过建造学设计的教学思想

不同于以往的"通过画图学设计(Learning by Drawing)",建造设计教学是"通过建造学设计(Learning by Building)"——从建造角度学习和研究建筑设计,注重现场操作体验。这里的建造,并非是指"足尺模型",而是使用真实的材料和真实的比例。总的说来,"紧急建造"联合教学的思想正是通过建造学设计。赖特创立的"塔里埃森"推崇的也是这样一种教学理念。在这一理念指导下,学生通过亲自参与建造,可以掌握以下3组关系:(1)材料和建造;(2)空间和建造;(3)社会环境和建造。通过亲手设计并亲身参与建造过程,学生可以亲手触摸材料,体验重力,充分认知建筑的物质属性和面对地心引力的本质,认知建筑设计是从"图"到"物"的社会性生产行为,激发其创作意识和灵感;而自筹建材、推敲细部、控制造价与工期之类的多方博弈行为,有助于培养团队协作精神(图7)。

该联合教学的另一显著特点是:在教学初始阶段,趋近真实的建筑性能要求作为教学目标,即已获得明确——作为"庇护所"的建筑物首先应考虑人的生理性存在,必须足够坚固,能应对自然的天气变化;在此前提下,还应达到基本的舒适度,如合适的温度、湿度、新鲜空气等。相

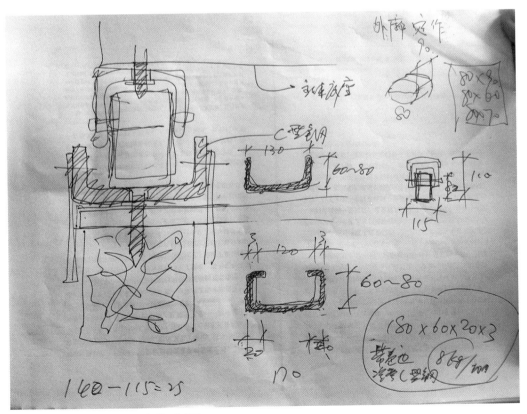

图5 2012年度"紧急建造"联合教学工作草图

图6 2012年度"紧急建造"联合教学后期实施现场　图7 建造教学的核心理念之一：团队精神

比于国内之前开展的各类建造教学实验，该联合教学的目标设置较高，难度较大。

1.3 借助系列小练习逐步接近教学目标的教案设计

教学实验合作方，即瑞士苏黎世联邦理工学院建筑系。众所周知，瑞士建筑文化的建造机能高度发达，讲求结构逻辑，关注细部构造，以及基于上述两点的材料及其呈现。当代瑞士建筑师关注建造，但不仅是用常规手法，同时也在寻求隐藏其后的属性和品质，另一种在结构或立面之后的现实，赫尔佐格谓之"隐藏的自然的几何性"，卒姆托则称之为"美的内核"。与发达的建造文化相匹配，瑞方教师的建造教学经验也是丰富的。在教学实验前期授课阶段，瑞方教师特意穿插三个 workshop 环节，分别是：寻找校园内的遮蔽物并进行分析；建造场地勘察分析；建造计划（即工序与流程设计）。每个 workshop 环节其实与建造教学的最终目标是紧密相连的。譬如寻找遮蔽物这一环节，使学生们对"庇护所"有了更直观的认识，也促进了横向的比较思考，加深对设计要求的理解；而建造场地勘察分析与建造流程设计，更直接与建造环节挂钩，实际上也是最终成功建造的必经之途和必要保障。

了解"紧急建造"联合教学的有识之士几乎都会提出同样一个问题：为什么要选用铝合金型材作为结构主材？多贵啊！这样的产品以后能有销路吗？

关于这一系列问题的探讨，必然要涉及所谓"建造模式"的选择问题。

2 关于建造模式选择的理论探讨

所谓建造模式，在此有必要澄清：其涵义既非仅指建筑施工，亦非仅指建筑结构、构造，而是与建构学（Tectonics）视角的实际建成质量密切相关的两方面：①主要由设计主体（Designer）掌控的技术模式，包括因地选材、结构选型、细部构造、设备系统等；②主要由生产主体（Producer）掌控的工程模式，包括施工操作方式（手工／机器）、生产制造方式（作坊／现场／工厂）、工程管理方式（雇工自营／专业承包／工程总承包）等。将二者统合为建造模式加以观照的动因在于：建筑活动中脑力劳动（者）与体力劳动（者）完全分离和二元对立，确实导向了专业细分之现代性，却也埋下设计理想与建成质量"造诣两不相谋，故功效不能相并"之祸根。更进一步的现代性是基于掌握相关专业技能的设计者与生产者的相互理解与协同创新，乃至重新走向整合。包豪斯的办学宗旨和历史影响，以及建筑大师们在工地上的亲力亲为，无不说明设计者懂得操作工艺的重要性。

而最为关键的问题是：工程模式作为前置条件，往往决定了技术模式，进而决定了整个建造模式，而建造模式又从根本上决定了整个项目的设计与实施。回到本文开头的话题，如果要在墨脱建希望小学，首先要做的头等大事根本不是画图，而是亲临现场查勘设计条件：当地人如何造房？其技术模式和工程模式如何？选什么材？什么工艺？谁来完成生产操作？是手工操作还是机器生产或者二者结合？使用哪些工具？其精度如何控制？是在现场、传统手工作坊还是现代化工厂完成？如果有一定程度的预制生产，那么运输模式怎样？何种车辆？何种路况？能否承受颠簸？是否要考虑结构体系的运输和吊装工况？吊装方法又如何？是雇工自营、专业承包还是工程总承包？为什么会是这样？不把这些至关重要的、具有决定性意义的设计条件完全摸清楚，而是将最常见的现浇钢筋混凝土结构技术体系作为缺省值直接使用，这样的设计是无论如何也难以实施的，也就可能毫无意义。

3 建造模式的选择及其意义

行文至此，机会终于成熟，完全可以回答关于"紧急建造"联合教学的那个最大的问题：为什么要选用铝合金型材作为结构主材？

道理很简单，由于铝材很轻，便于学生亲身参与生产操作，选用铝合金型材作为结构主材并确立其预制装配的建造模式，可以力保安全生产，在力所能及的范围内规避教学型建造行为的安全风险。

铝合金型材轻到何种程度？一根 80×80mm 断面的铝合金型材每米重量为 5.9kg，3m 高的柱子重量仅为 17.7kg，6m 长的大梁仅为 35.4kg。如此纤巧、便于徒手抓握的断面，以及这样的轻盈，使得任一构件都可以 1 人，或者最多 2～3 人轻松搬运、举高，而不必使用起重设备。同时，节点连接使用 T 型螺栓，操作工艺极为简单，无需专业培训即可完成；而且，铝材（表面形成氧化膜）性能稳定，耐碱耐腐蚀，后期维护保养的工作量几乎为零。

比较起来，干松木密度为 800kg/m³，3m 高的、80×80mm 断面的木柱重 15.4kg，与铝合金型材相仿，但如果木结构使用如此纤巧的料子，则必须用密肋结构，如"北美木屋"使用的 Baloon Structure。如此，其耗材量远远超出了铝型材，且防火性能不佳，易朽烂，须定期做表面防护处理，后期维护保养工作量较大；

而最容易想到的钢结构，如最小号的 100×50mm 标准 H 型钢，其单位重量为 10kg/m，3m 高的钢柱重 30kg，6m 长的大梁为 60kg。其重量较大，约为铝型材构件的 2 倍，人工搬运有一定困难，而且无论是焊接、铆接还是栓接，其节点连接工艺的专业性较强，未经培训的学生难以高标准完成；同时，普通钢材易锈蚀，须定期做表面防护处理，后期维护保养工作量同样较大。

总上，基于教学思想的特点，并结合产品研发目标，考虑到学生能够自己动手进行生产操作，且必须确保安全，因此采用了轻质、高强、性稳、无须焊接的铝制结构。尽管从一次性投入角度看，价格并非低廉，但虑及可周转因素（10～20 次），总体的价格优势还是能够轻易确立的。

所以，"紧急建造"联合教学的建造实施主题反映了这样一个事实：如何建造决定了如何设计。关于这一事实被澄清的实际意义，迄今为止尚未引起足够的关注：中国引入近现代意义上的建筑学科和建筑师职业已过去近一百年，然而在形式化探索与社会性生产层面并未取得足够的均衡，现在已经到了非改变不可的时候了。因为，只关注形式化探索的倾向从根本上危及了建筑师职业的存在。

建筑究竟是不是艺术？若将建筑与绘画、雕塑等经典艺术比较，其共同点在于都关注造型，但建筑师如果不能提供一种基于建造——对于材料、结构、构造、施工、基地与环境诸要素的综合权衡，即建筑自身所独有的生成逻辑与物质载体——的形式，其学科合法性就难免受到质疑，其职业生存空间实际上也正在被"跨界"者蚕食。漠视表里关系的布景式做法是从事绘画、雕塑、舞美、道具等艺术家们更为擅长的，要建筑师何用？"重艺轻技"的自作多情和纠结于"儒匠之别"的枉费心机，其最要命处正在于主动放弃了学科自治的底线。

（"十二五"国家科技支撑计划课题：水网密集地区村镇宜居社区与工业化小康住宅建设关键技术研究与集成示范，项目号：2013BAJ10B13）

注释：

[1] 关于灾后救援建筑的分类，英国牛津大学教授伊恩·戴维斯在其 1976 年出版的著作《Shelter after Disaster》中将其分为紧急避难所、临时住所和住宅。美国特拉华大学灾难研究中心的 Quarantelli 教授在前者的基础上，根据居住特点和住所性质把灾后住房重建分为四个阶段，并对它们进行了概念界定：
紧急避难所——在灾害高峰阶段受灾户居住的地点。可以是公共设施或朋友及受灾户家庭成员的住房；由于居住时间很短，因此没有食品或其他服务的提供；
临时避难所——灾后可预期的短时间内受灾户居住的地点。可以是帐篷、自建的临时棚屋、公共设施、受灾户亲朋的住房或受灾户的第二处住房；由于居住的时间较长，需要提供食品、医疗和其他服务；
临时住房——受灾户临时居住的地点，并恢复了日常活动。可以是预制临时房屋、棉帐篷、自建棚屋、可移动房屋、公寓或受灾户家庭成员或朋友的住房；
永久性住房——受灾户能够永久居住的地点。这是指受灾户回到他们重建的房屋或搬到新建的永久性居住区内。
避难所研究专家 Elizabeth Babister 则认为"过渡"比"临时"更好，因为"紧急避难所是临时的，而且确实只为幸存者提供了一个庇护所。过渡则暗示了一些更长期的东西并且给幸存者空间展生活而不只是生存"，笔者也认为"过渡安置房"比"临时住房"更加贴切。
详见 Ian Davis. Shelter after Disaster. Oxford Polytechnic Press, 1978

参考文献：

[1] 姚刚,董凌,丛勐,李海清. 建造如何教学 ?——东南大学"紧急建造"教学实验 [J]. 新建筑, 2011 (3)：38-41
[2] 李海清. 从"中国"＋"现代"到"现代"＠"中国"：关于王澍获普利兹克奖与中国本土性现代建筑的讨论 [J]. 建筑师, 2013 (1)：39-45
[3] (美) 费正清 主编. 剑桥中国晚清史 1800—1911 年 (上卷) [M]. 北京：中国社会科学出版社, 1993：551
[4] 李海清. 教学为何建造 ?——将建造引入建筑设计教学的必要性探讨 [J]. 新建筑, 2011 (3)：6-9

作者：李海清，东南大学建筑学院 副教授，博士

哈尔滨工业大学短期国际联合设计教学实践

徐洪澎　吴健梅　李国友

Short-term International Joint Design Work-shops in Harbin Institute of Technology

■摘要：近年来哈尔滨工业大学建筑学院大力推进国际化发展，其中短期国际联合设计是构筑在时代和区域背景下，以建筑学院与建筑设计研究院"两院一体化"办学模式为支撑平台，积极尝试和国际化教学的重要形式。本文总结了该教学环节在课题选择、能力培养、思维工具、学习效率、成果评价五方面的共性特点，通过典型案例概览，分析其教学实践的经验和启示，以期对哈尔滨工业大学的建筑教育改革有所裨益，对兄弟院校的教学改革起到抛砖引玉作用。

■关键词：哈尔滨工业大学　国际合作　联合设计　短期教学

Abstract：In recent years, international cooperation has developed vigorously at School of Architecture, Harbin Institute of Technology. In the era of globalization and dealing with the background features in the region and a merging platform of School of Architecture and Architectural Design and Research Institute, short-term joint design workshops have become one of the leading explorations in the design-teaching program. The paper summarizes its common characteristics from aspects of design theme, training strategy, thinking tools, learning efficiency and achievements evaluation. The paper also provides a brief overview of the student works. As a result, the enlightened experiences would be benefit for the architectural education reform at HIT and other universities.

Keywords：Harbin Institute of Technology；International Cooperation；Joint Design Workshop；Short-term Teaching

　　国际合作是当代建筑教育的一个重要表征。从 20 世纪 20 年代起，中国建筑教育就存在异地移植与本土化的整合问题。进入 21 世纪，中国建筑教育发展呈现出日益开放和国际化的要求，求变求新趋势明显。近几年来，哈尔滨工业大学建筑学院克服区位劣势，大力推进国际合作，引进国外多元丰富的教育资源，汲取先进的教育理念和模式，逐步建立了国际联合教学的体系。学院先后与美国麻省理工学院、英国谢菲尔德大学、加拿大多伦多大学、德国魏玛包豪斯大学、法国国立巴黎拉维莱特高等建筑学院、香港中文大学、日本千叶工业大学、俄罗斯太平洋大学、远东国立技术大学、台湾中原大学、台湾文化大学、韩国汉阳大学、意大利都灵理工大学等多国或地区著名大学建筑学院以及相关学术研究机构有着密切的合作和友好往来。学院成功实行了首席国际学术顾问制度，建设了海外学术基地，积极利用海外高校及研究机构的资源推进联合教学，提供了多渠道多方位的交流平台。这种开放式的国际合作教学，为学院营造了良好的学术和教育氛围。其中，短期国际联合设计的教学环节以其可操作性强、受益面广和训练针对性强的特点在整个体系建设中的作用显著，率先推进了建筑设计教学的国际化发展。

1　特点

短期国际联合设计教学活动自 2010 年在哈尔滨工业大学建筑学院全面展开，并逐步实现了每个建筑学专业本科生都有短期联合教学经历的目标。主持或参加短期国际联合设计工作坊的外方教师分别有 Eric Dubosc（法国，教授，建筑师）Joe Cater（加拿大，教授，建筑师）、Lorenzo Barrionuevo（西班牙，教授，建筑师）、Mecheal Tunkey（美国，Cannon Design 上海分公司首席建筑师）、Renata Tyszczuk（英国，高级讲师）、Barrionuevo Cristobal Ortega（西班牙，建筑师，艺术家）、Narango Diana Castillo（哥伦比亚，建筑师）、六角鬼丈（日本）、季铁男（台湾）、徐明松（台湾）、Shubenkov Mikhail（俄罗斯）、Korshakov Fedor（俄罗斯）等，累计外教有 20 多人。短期国际联合设计工作坊多由外方教师出题，我方教师协助，共同指导学生完成设计，设计周期通常为 1 周。尽管时间周期短，明确的教学目标，先进的教学方法和积极的参与意识有效保证了教学效果。同时，由于主持教师背景及专长的不同而各具特色，丰富了教学的多样性，我们也从中总结了其共性的特点，希望对今后类似的短期国际交流课程有更好的借鉴意义。

1.1　课题选择——地区化

短期国际联合设计教学中地区化的选题已成为主流，设计主题围绕具有文化背景、地方特点的设计对象展开，目标是体现自然环境、文化、风俗、生活方式以及其物质载体等各种因素的相互关联。联合设计中的具体设计内容可分为两种：一种是侧重结合培养计划，有针对性的设计，如某地区的钢结构和工业化环保建造，某地震区的灾后重建；另一种是侧重突出设计任务的事件性与探索性，将一些前瞻性的学界热点课题结合地域背景引入设计题目，如历史街区的改造、更新；住区的绿色建筑设计等。参加联合设计教学的外方教师普遍表现出对中国本土文化的兴趣，课题选择大多考虑具有当地特色的设计内容。学生通过地区化特色明显的设计选题加深了对建筑学的理解，学到了相关专业知识，并通过外方教师的指导感受到了不同文化背景下设计理念和方法的不同。

1.2　能力培养——多维度

建筑教育面临的一大挑战是帮助学生应对职业快速发展、知识迅速更新、建造工业和社会需求持续变化的状况。建筑学学生不仅需要学习设计能力，还要学会如何学习，学会寻找适应自己个性发展的学习方法，而独立思考、团队精神、综合分析能力、质疑批判的意识也显得更为重要。短期国际联合设计的教学任务多以小组为单位、由学生合作完成。一方面是由于课程周期短、设计任务重；另一方面通过小组合作的教学组织安排来加强学生交流能力、合作能力、组织能力等非智力因素的能力培养。有的同学在小组中担任组长——充当建筑师的传统龙头角色，有的同学建筑表达能力强，有的同学手工模型制作得好，有的同学概念设计思维活跃，而有的同学则在技术细部设计颇具潜力……小组成员间互相学习、共同协作，每个学生都能够找到发挥自己最大作用的独特位置。就专业技能培养而言，外方教师也表现出更全面的理解：一是接受知识的能力，二是获取知识的能力，三是应用、发展与创新知识的能力。教学组织上更注重后两种能力的培养，结合学科特点和设计任务，逐步把学生的学习过程转变为不断提出问题、解决问题的过程，最终达到了强化学生的学习能力和创新能力、提高学生综合素质的目的，重视学生个性发展，真正做到因材施教。

1.3　思维工具——多元化

外方教师普遍重视分析与思考的设计过程，强调学生的语言表达、草图绘制、模型建造以及计算机应用等作为辅助设计的思维工具在设计过程中的多元化综合运用。这改变了一些同学只顾做方案而不交流讨论、重图纸轻分析、重结果轻过程、重知识轻思辨的现象，对他们现阶段的专业学习以及未来的职业实践都是非常有意义的。

从学生的设计成果来看，联合设计工作坊各具特色，呈多元化趋势。有的外方教师倾向鼓励学生绘制徒手草图来表达设计问题，认为分析草图作为一种图形思考的有效工具，能够不断激发设计灵感；有的外方教师则提倡大比例模型的制作，认为只有大比例的模型制作才更有助于技术建造和可操作性的判断；有的外方教师注重设计创意和理念，同时重视方案发展过程中思维的连贯性和一致性，设计成果不仅需要表达设计内容，还要通过图示或语言表达出设计成果是如何与其建立的理论框架相关联的。

手绘草图和实体模型制作作为设计思维的辅助工具，原本早已得到我国建筑教育界的普遍认可，但近年来计算机工具的普及使二者的优势及其在学生中的应用受到很大的影响。曾有外方教师在短期国际联合设计教学实践中强制要求学生离开计算机一星期，一些学生感到离开计算机就无所适从、甚至不会做设计了，引发了我们对设计思维工具的重新思考。

1.4 学习效率——高张力

我们预期通过短期国际联合设计，弥补循序渐进式的长周期设计课程设置的不足，实践证明效果是理想的。由于短期国际联合设计教学中，外方教师的角色更多的是担当推动设计过程的领路人和协助者，学生才是工作坊的主导者，由"要我学"的传统课堂转化为"我要学"的学生实践场，变被动接受知识为主动获取知识，实现了在短时间内充分激发学生个人潜能和学习热情的目标。学生们在国际联合设计工作坊里经常表现为精力充沛、信心满满，使出浑身解数投入到高强度的设计任务中，同学间或讨论、或争执、或研究、或合作，生动愉快，学习效率同以往的长周期设计课程相比空前高涨。在给学生一片自主空间的同时，也为个性的发展开启了一扇窗，创新设计能力往往能够超水平发挥，做出各种有益的设计探索。

在短期国际联合设计的教学实践中，我们发现外方教师对学生设计概念的奇思妙想通常采取鼓励和欣赏的态度，极少全盘否定或纠错责备，师生对话中最常出现的说法是"为什么？"没有预设好的标准答案，不是简单地你教我学、你问我答，而是双方的交流和互动，从中体会到"教"者和"学"者的真正平等关系。教师充当学习的引导者，完全摒弃所谓的权威地位。学生是学习者，老师也是学习者，真正实现了教学相长。这种教育思想上的平等意识不但帮助教师与学生建立了和谐融洽的课堂关系，更有助于在互相尊重的氛围中产生创造性的作品。教育者和被教育者的对立关系消除了，教师因为尊重学生的个性发展，鼓励学生自我学习能力和个人责任感的发展，进一步强化了学生的学习效率。

1.5 成果评价——开放式

设计成果评价长期以来都是困扰教师和学生的一个难题。传统的学生设计成果评价经常被建筑教育研究者认为负面的作用超出了正面的影响，破坏了评价作为学生学习体验的潜在作用。

建筑设计是一种和思维有关的创造性活动，有很多不可度量的因素，定量的以百分制衡量一个设计方案的质量是很困难的。对于这种矛盾，短期国际联合设计的外方教授多采取5分制的评分办法，模糊的、定性的给学生的设计成果打分。同时，因为联合设计是小组合作的工作模式，成果评价也以小组为单位，小组各成员最终都是一个分数。学生间的竞争关系化解了，创造了更多的同学间评价的机会，责任感和合作能力有意识地得到了提高，小组成员在讨论交流中建设性的评判自己和他人的作品，获得设计反馈和建议，分享智慧共同提高，真正从中感受到了团队学习在许多时候比个人学习更有利的学习体验。短期国际联合设计在最终成果答辩和讲评阶段，常常会邀请其他教学组的教师参加，以旁观者的角度通过评价学生的设计成果来审视教学。而短期国际联合设计教学结束后，各工作坊的作品展览作为成果评价的一部分则促进了更广范围的交流。开放的评价系统，激活了学生和老师更广阔的学习空间。

2 案例

哈尔滨工业大学建筑学院在国际交流合作中建立了多种形式的专业教学合作方式，短期国际联合设计是最重要的内容之一。下面仅选取5个设计项目，试图反应哈工大短期联合设计的大致状况。限于篇幅，我们没有对某个项目进行详细的解析和评论，只是一个整体情况的概览。

2.1 机器人美术馆设计

时间：2010 年 11 月 8 日——11 月 14 日；指导教师：Michael .S.Tunkey（坤龙设计公司）、吴健梅、邢凯、陆怡如（坤龙设计公司）；学生：07 建筑 2 班。

设计题目要求以小型机器人为使用者设计并制作美术馆空间模型，机器人美术馆由 10 个模型单元组成，每个组负责一个单元，内部布置交通和展示空间，通过墙面的开窗开洞实现自然采光，同时通过坡道实现 10 个模型相互的连接（图 1）。每个模型分二到三层坡道分别布置展品，机器人通过连接的坡道以单一流线实现对展品的参观，要求每组模型含有自己的风格，以随机接龙的方式保持风格的联系，实现模型之间的联系，使 10 个模型组成一个一体的建筑。

整个设计全部通过草图和草模构思实现，从 1：10 的模型比例到 1：2 的模型比例，再到最后的 1：1 的模型比例，实现方案设计的逐步深入，成果就是一个组合而成的大模型而没有图纸，在有限的工作坊时间中，集中训练了学生的模型思维能力、空间建构能力和合作配合能力（图 2）。

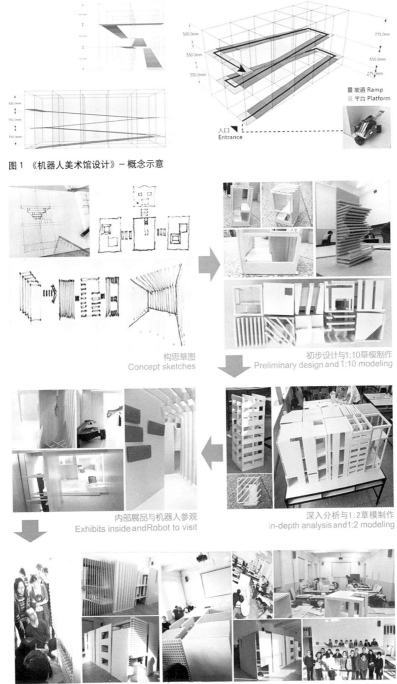

图 1 《机器人美术馆设计》－概念示意

构思草图
Concept sketches

初步设计与1:10草模制作
Preliminary design and 1:10 modeling

内部展品与机器人参观
Exhibits inside and Robot to visit

深入分析与1:2草模制作
in-depth analysis and 1:2 modeling

工作场景与成果展示
Scene work and works display

图 2 《机器人美术馆设计》－设计流程

2.2 重归塞纳河

时间：2011年11月12日——11月18日；指导教师：Eric Dubosc（法国巴黎拉维莱特建筑学院教授）、张姗姗、白小鹏；学生：08建筑4班。

设计题目要求在法国塞纳河边建造一座钢结构建筑。课程的教学重心非常明确，就是教授高年级学生钢结构建筑的设计方法。整个教学过程重点关注三个问题：一是钢结构建筑与环境的关系；二是钢结构建筑的标准化与工厂化建造；三是钢结构体系与细部节点的设计。教学以讲课和辅导相结合的形式展开，每天上午以讲座的形式讲解相关理论知识，下午辅导建筑设计，课程紧凑而高效，加之Eric Dubosc教授丰富的教学经验和扎实的钢结构技术知识储备，设计成果具有相当的深度，可以与通常8周的大设计媲美（图3、图4）。Eric Dubosc教授已在哈工大开展此课程4年，题目虽有不同，知识体系是相同的，每年都有学生作业在全国性大学生课程作业评比或竞赛中获奖。

2.3 "6度"——关乎未来的设计

时间：2012年9月3日——9月9日；指导教师：Prof. Irena Bauman（英国谢菲尔德大学建筑学院教授）、董宇、梁静、史立刚；学生：建筑09级学生14人。

设计题目针对哈尔滨现实地段的未来生活社区设计，适应2080年气温增加6度的气候变化。其最大的特点是：全体小组成员共同完成一个设计，过程中同学之间、教师与学生之间、设计小组与地段百姓及其他同学老师之间的互动贯穿了设计始终。对学生的合作与交流能力具有极大的锻炼价值，同时也保证了短时间内建筑设计的深度。第二个特点是设计任务书非常详细，详尽到规定每天需要完成的工作（图5），提供相关工作的背景资料和备注条文，还附有英国同年级学生的课程记录、作业范图以及大量的延展阅读资料，从而有效保证了学生对课程的理解。第三个特点是要求设计过程遵循理性逻辑，采用一系列成熟的教学方法引导学生以研究的方法发现问题并以此逐步展开形成设计思路，这也是谢菲尔德大学建筑设计教学的主要特征（图6）。

2.4 老社区的重构与更新

时间：2013年4月2日——4月7日。指导教师：Shubenkov Mikhail（俄罗斯莫斯科建筑学院教授）、Korshakov Fedor（俄罗斯莫斯科建筑学院教授）、刘大平、徐洪澎、薛明辉、刘莹、卜冲；学生：俄罗斯莫斯科建筑学院学生本科和硕士研究生8人、哈工大学生本科和硕士研究生16人。

设计题目要求对哈尔滨西大直街近代中东铁路职工住宅区进行更新改造设计，重点关注城市中心地段老建筑街区的再生问题，整合环境、重构功能、更新形象，从而焕发老街区的时代精神。由于这一街区为100年前的俄罗斯人设计、建造和居住，因此选择此题与俄罗斯师生合作增加了联合设计教学针对性。其主要课程特点包括：一是进行了详尽的实地考察和资料整理，发挥了双方各自对现场和文化背景的优势，争取以更全、更新的视角审视老街区的价值因素；二是要求学生从过程到成果都以草图和草模为主要的构思工具和表达方式（图7），俄罗斯师生深厚的草图和草模能力给我们留下了深刻的印象，也使哈工大的学生受益匪浅。在短期教学中，国外同学的参与加大了不同教育背景的理念与能力碰撞，极大促进了教学的效果。

3 启示

日益频繁的国际开放交流活动使哈尔滨工业大学的建筑教育获得了前所未有的发展机遇，普及到所有学生的短期国际联合设计教学对学院教学水平提高的促进作用十分显著。短期国际联合建筑设计教学对学院教师提出了更高的要求，既是压力也是自身发展的动力。教师与外方教师的直接合作中，在课题选择、教学设计、研讨方式、评价标准等方面有了长足的进步和提高。在这一过程中，学生是最直接受益者，拓宽了眼界，短时间内高效地丰富了他们的知识和经验，使他们初步具备了国际化的视野与交流能力，为他们日后的深造和就业产生了积极地影响。

通过对近几年学院短期国际联合设计教学的回顾和总结，我们得到以下几点启示：

（1）在教学组织方面。从以往的经验来看，短期国际联合设计的启动工作宜提前开展，人员构成、外方教师聘请、时间确定、课题选择等工作都需要充足的筹划时间，任一环节的失误都可能对整个教学活动造成不必要的影响。2010年以前，我院的短期国际联合设计都

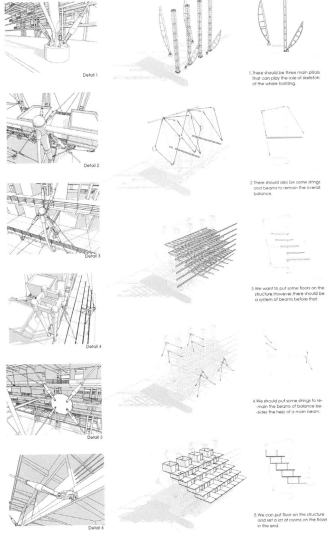

Detail 1

Detail 2

Detail 3

Detail 4

Detail 5

Detail 6

1.There should be three main pillars that can play the role of skeleton of the whole building.

2.There should also be some strings and beams to remain the overall balance.

3.We want to put some floors on the structure.However,there should be a system of beams before that.

4.We should put some strings to re--main the beams of balance be--sides the help of a main beam.

5.We can put floor on the structure and set a lot of rooms on the floors in the end.

Waterside platforms proposal

Avenue George Pompidou is one of the most important road for major motor vehicle at the right bank of Seine in Paris. It plays important role in linking the east and the west on one hand, on the other hand,it became a barrier between the city and the shore by Seine.This project intends to creat a construction which can break this barrier, so that citizens of Paris can wander around watersidezone by Seine freely.We take steel structure as the main structural type of the building to highlights its modernity and practicality.And we plan to reach the aim of our design by way as simple as possible.As a result,we generate our design out by just a few steps.

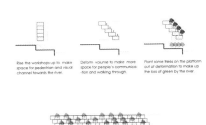

Rise the workshops up to make space for pedestrian and visual channel towards the river.

Deform volume to make more space for people's communica--tion and walking through.

Pant some trees on the platform out of deformation to make up the loss of green by the river.

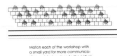

Match each of the workshop with a small yard for more communica--tion and being close to the nature.

图3 《重返塞纳河》- 设计成果1

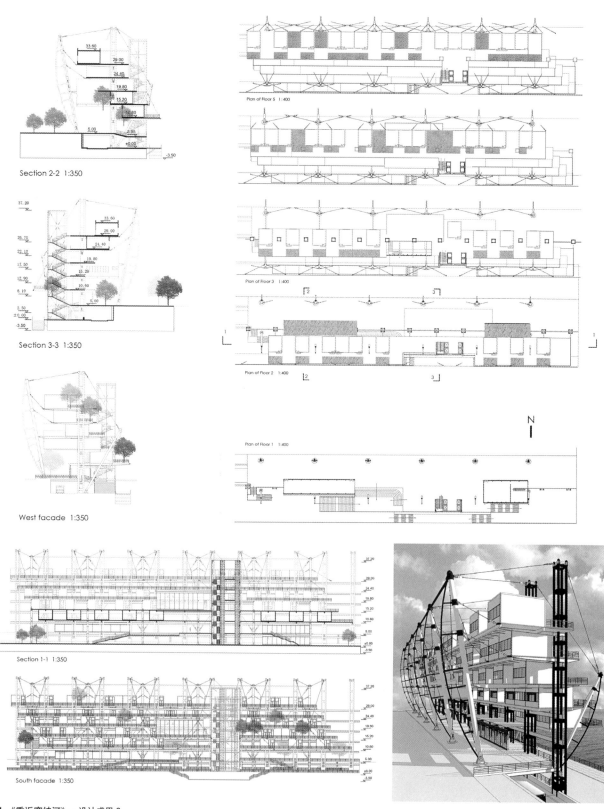

図4 《重返塞纳河》－设计成果 2

课程日历 THE COURSE CALENDAR

DAY	TITLE	KEY TASKS	OUTPUTS	YOU WILL NEED
Pre-summer school		TASK 1: Research how climate change will impact on Harbin	1 A4 side summary of your research	
		TASK 2: Think of a small object that means somethng to you.	You will bring this in on Monday to show to the others.	
Monday	Getting to know each other and the project	TASK 1: Present your small object that means something to you to the others	Getting to know each other	• A small personal object • Thick pens • Measuring tape, ruler etc • Camera • A3 paper • Sketchbook • Scalpel/craft knife • Glue • Masking tape • Simple modelling materials (for site model)
		TASK 2: Site visit and analysis Start conversations with local people	Gain understanding of what the site is like and who lives and works there	
		TASK 3: Build a working model of the site	Group site model to use throughout the week	
Tuesday	Scenario for 2080 - What kind of neighbourhood?	TASK 1: Review of site analysis and conversations with local people	Gain a deeper understanding of how the site works and what is needed in the area	• Original site work • Print out A4 portraits of the local people you met • 1 A4 side summary of research (Pre summer school Task 1) • Thick pens • Sketchbook
		TASK 2: Discuss in small groups your research on how climate change will impact Harbin	Agree what key climate adaptations are needed in Harbin	
		TASK 3: Present your ideas to the whole group and brainstorm a brief for the site	A group brief and decide who will work on each adapation	
Wednesday	Develop initial proposals	TASK 1: Develop outline design for your project	Development massing models, rough drawings and layout	• Modelling equipment and materials • Drawing equipment and materials
		TASK 2: Make a simple sketch model of your proposal	Everyone to insert sketch models into site model to gain an overview of neighbourhood	
		TASK 3: Reflection on your proposal so far	Prepare for 10 minute presentation of your proposal on Thursday	
Thursday	Neighbourhood taking shape - does it work?	TASK 1: 10 minute presentation each to rest of the group	Review and discuss each other's proposals	• Modelling equipment and materials • Drawing equipment and materials
		TASK 2: Continue development on reflection of comments made	Development of individual proposal	
		TASK 3: Prepare a group presentation and short individual presentation (Total 30 mins for both)	Presentation to tutors/local residents tomorrow morning (Friday)	
Friday	Testing ideas with other people	TASK 1: 30 minute group and individual presentations	Gain feedback from tutors and residents	• Modelling equipment and materials • Drawing equipment and materials
		TASK 2: Reflect on feedback and develop final drawings for your proposal	A few drawings that help explain the key ideas behind your proposal	
		TASK 3: Make a final model of your proposal	Your final proposal to insert into the site model	
Saturday	Bringing it all together	TASK 1: Continue Tasks 2 & 3 from Friday	Key drawings and final model	• Modelling equipment and materials • Drawing equipment and materials
		TASK 2: Prepare a collective presentation of the neighbourhood plus individual proposals for a final review tomorrow (Sunday)	Presentation ready for final review tomorrow (Sunday)	
Sunday	Final presentations	TASK 1: Group and individual presentations		• Final drawings and model • Camera
		TASK 2: Enjoy and take credit for all the work!		

图 5 《"6"度——关乎未来的设计》- 详细的任务书

二零一三 哈尔滨工业大学 莫斯科建筑学院 联合设计工作坊

城市印记 — 历史街区保护与复兴
Urban Engram — Historic Distict Protection and Rehabilitation

哈尔滨西大直街沿线中东铁路高级职工住宅区设计
Middle East Railway Senior Staff Residential Area Design along Harbin Xidazhi Street

Location

The site is located in the area surrounded by Xidazhi st.、 Haicheng st.、 Lian fa st. and Beijing st..The area of the site is 2.59 ha.
The nearby buildings from north is the Shopping mall and the School of Architecture HIT from south.

Current situation

·Waste
·Disordered
·Dirty
But:
This is the mark of city & past
It is worthy of preservation

Protection strategy

·Reserve the museum
·Repair the old dormitory
·Try to keep original
·Reserve sth. related to memories

Aim of our project

·Vitality
·Inheritance
·Development

Current situation

Location analysis

Traffic & ground level

Commercial level

New building

General view

Regeneration

How to bring vitality ?

Draw in more people from adding :
·a subway station
·historical culture exhibition
·leisure square
·commercial space
...

**Form 3 different function level
& 3 different function space**

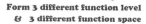

3 Function Level.

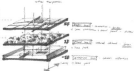

Area analysis

Material analysis

Dominant structure analysis-1

Final model

Initial phase

Rebuild wall

Bridge&yard

Mid-term phase

Cross-section view

Dominant structure analysis-2

Dominant structure analysis-3

Taisiya

Maxsim

WangZhenmao

ZhangSI

SongKailin

XiaoJunlong

MAPXH

HIT

图 7 《老社区的重构与更新》-设计成果

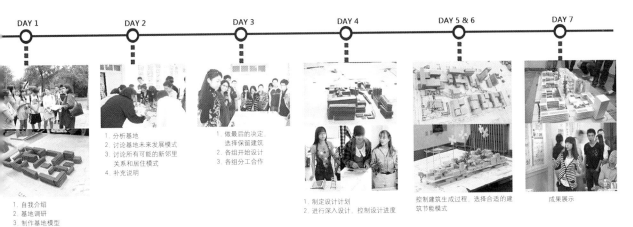

DAY 1　　　　DAY 2　　　　DAY 3　　　　DAY 4　　　　DAY 5 & 6　　　　DAY 7

1. 分析基地
2. 讨论基地未来发展模式
3. 讨论所有可能的新邻里关系和居住模式
4. 补充说明

1. 自我介绍
2. 基地调研
3. 制作基地模型

1. 做最后的决定，选择保留建筑
2. 各组开始设计
3. 各组分工合作

1. 制定设计计划
2. 进行深入设计，控制设计进度

控制建筑生成过程，选择合适的建筑节能模式

成果展示

6 《"6"度——关乎未来的世界》- 设计流程

是因某一机缘巧合而临时组织的，面向的是少数学生，比较易于开展；2010 年以后，开始针对高年级全体学生的集体教学活动。涉及人数多，与现有教学计划和课程设置的衔接及对既定教学安排的冲击矛盾凸显。因此，我院在 2013 年的建筑系课程体系改革中，已将短期国际联合设计作为固定必修科目正式列入建筑学四年级的教学计划中，时间设置也增长为 3 周。既保证了足够的组织筹划时间，学生的设计成果也会更充实。接下来，我们还将考虑建立跨越年级界限的设计工作坊，最大限度地促进全院学生间的交流。

(2) 在学科拓展方面。从近年来世界建筑的发展趋势看，许多建筑师都在设计实践中突破了传统建筑学的界限，将社会学、信息技术、艺术思潮等跨学科领域融入建筑创作，强调平等地位下的各相关学科间的合作。鉴于短期国际联合设计教学强调成果创新性的特点，其组队可以从更大范围的学科和学科群入手，吸纳不同专业领域的师生共同参与。这需要学院的软环境建设能够提供一个信任和宽松的教学环境，一个弹性化、柔性化的教学机制，一个容忍实验和结论开放的学术气氛，新的机会可能产生，并最终实现短期国际联合设计教学的进一步提升。

(3) 在特色建设方面。在努力与世界建筑教育接轨的同时，我们一直关注着自身地区性教育的特色建设。如何选择并实施适宜本国本地区发展的教育模式，保护当地的建筑传统，提高地域建筑设计和建造水平，是我们重点关注的课题。哈尔滨工业大学地处中国东北寒冷地区，经济发展与发达地区相比存在差距，但地域建筑特征却也独树一帜。学院近年来提出建设以寒地地域为特色的产学研平台，致力于探索解决寒地城市、建筑领域发展所面临的重大问题和关键技术。短期国际联合设计促进了学院教学的国际化发展，并为将来全面展开国际合作提供了契机。我们期待今后的短期国际联合设计教学实践中，侧重在寒地城市与建筑领域有所突破，从而寻求课程建设的特色发展。

（黑龙江省教育科学"十二五"规划 2012 年度重点课题，"基于新时期人才培养的建筑学专业本科高年级教学体系优化研究与实践"，项目号：GBB1212029）

参考文献：

[1] 梅洪元，孙澄．引智 聚力 特色办学—哈尔滨工业大学建筑教育新思维．城市建筑 [J].2011 (3)
[2] 梅洪元，孙澄，陈剑飞．秉承传统·历久弥新—哈尔滨工业大学建筑学院建筑教育．南方建筑 [J].2010 (4)

作者：徐洪澎，哈尔滨工业大学建筑学院建筑系主任　副教授；吴健梅，哈尔滨工业大学建筑学院　副教授；李国友，哈尔滨工业大学建筑学院建筑系副主任　副教授

天津大学国际联合教学中的可持续建筑设计专题

杨崴　贡小雷　孙璐

Sustainable Designing Methods in International Joint Studio of Architectural Design

■摘要：自 2010 年起，天津大学建筑学院在建筑学本科三、四年级设置"3+1"周的专题设计模块，以深化研究型教学体系，促进国际交流。可持续建筑设计作为其中一个重要专题，自 2011 年起，已开展三次，分别与英国卡迪夫大学和美国明尼苏达大学合作，开展纵向班联合设计教学。与卡迪夫大学合作的教学内容为视觉艺术展厅设计，在城市公园和废弃矿山选址基础上，强调建筑与环境的融合，并结合 Ecotect 等建筑性能模拟分析工具优化方案。与明尼苏达大学的合作教学内容结合 2013 年霍普杯竞赛题目，在自由选址的基础上，通过仿生设计方法，将生物的原理转译为建筑布局、材料和构造，以最少的消耗获得最优的性能。通过中外师生的合作，在相对紧凑的设计课程中，多方面探索了可持续建筑解决方案。

■关键词：联合教学　融入环境　性能模拟　仿生设计

Abstract：In order to strengthen the research oriented and open educational system and promote international communication, School of Architecture, Tianjin University introduced the 3+1—week 'thematic design' model in 3rd and 4th year undergraduate architectural education program. As one of the major topics, the studio of 'Sustainable Design' had been carried out for 3 times since 2011, in the form of joint vertical studio with Cardiff University or University of Minnesota. The topic for the studio with Cardiff University was visual art pavilion in a city park (2011) and in an abandoned quarry (2012). The theme put emphasis on the integration with the natural and urban environment, the combination of art, space and construction, and the optimization of the performance of the building with tools such as ecotect. The topic with Minnesota was based on the theme of 'Disappearance of Architecture' of the 2013 HOPE Cup Competition. The students are supposed to make a project that 'getting the most from the least' and exchanging with the environment by learning from the organisms in the nature. The key point was to translate the diagram of the chosen organism into architectural language. Through the communication and collaboration of the professors and students, various solutions of sustainable architecture were developed in a relatively short period of time.

Keywords：International Joint Studio；Integration in the Environment；Performance Simulation；Bio—mimic Design

为完善开放式、国际化的教育体系，开阔学生视野，提升对建筑设计相关知识的综合分析能力，2010年以来，天津大学建筑学院在建筑学本科三、四年级推行双轨制教学模式，将原有的每学期两个类型化设计整合为"8 + 3"设计模块。其中"3"是为期三周的专题设计，通过教师与学生的高强度互动（4学时／天，共15天），共同讨论和完成设计方案，最后的一周完成成果表达、展示和评价。由于时间紧凑、主题突出，该模块能够很好地与国际联合设计相结合。"可持续建筑设计"是在这一教改框架下提出的三年级专题设计课题。自2011年以来，先后与卡迪夫大学威尔士建筑学院，以及明尼苏达大学建筑学院开展国际合作教学，根据不同的主题和选址，多角度探索了可持续设计的内涵与方法。

1.可持续建筑国际联合设计教学内容

1.1　教学目的

当前建筑教育的重要发展趋势是建立以可持续发展为导向的生态观、文化观、社会观和科技观。本专题设计旨在通过国际联合教学，引导学生建立整体设计观念，关注建筑与自然环境和社会人文环境的联系，并通过开放建筑体系与建筑材料的可持续利用，以及适应气候的被动式设计方法，实现艺术、技术和功能统一，达到融入环境、少费多用、节能环保的目的。

1.2　教学内容

1.2.1　理论讲解与软件培训

介绍可持续建筑的概念与评价方法，引导学生将建筑作为环境的一部分，考虑其与自然环境和人文环境的相互作用与影响，分析相关建筑案例，并总结相关设计方法。

1.2.2　技术策略专项研究

可持续设计专题除考虑功能、艺术与环境设计外，学生可根据自己的兴趣与擅长选择以下技术策略进行研究，并在此基础上提出具有说服力的设计方案。

1）开放建造体系与建筑拆解

开放式体系便于隔墙、立面、设备体系等部分的维修和更替，而且能够在建筑改造时或废弃后进行拆解，部分构件经过处理可以直接回收利用。本专题可与空间的灵活性和适应性结合考虑。

2）绿色建材及建材的回收利用

建筑材料消耗原材料，生产过程消耗能源，造成环境污染。采用地方材料以及可再生、可回收利用建材，均可降低建筑生命周期环境影响。对各类旧建材的回收利用，不仅节能、经济、环保，而且能够创造独特的美学效果。

3）生物气候学设计方法

高技术的建筑节能方案不仅使初建成本提高，而且往往在材料生产、运输和施工阶段造成更大环境影响。适宜性的节能和可再生能源技术策略能够降低成本，同时可能取得更好的效果。在生物气候学原则指导下，通过空间组织促进自然采光通风，利用构造措施提高建筑保温隔热性能；借助绿化和种植创造宜人的微气候，并在关键部位适当采用高新技术手段。

1.3　教学方法和流程

1）题目讲解、基地调研、案例分析，提出拟解决的问题和大致的研究专题；

2）专题讲座和概念设计，讨论各种解决方案的优势和不足；

3）深化设计，通过量化分析优化方案；

4）完成设计成果，汇报和展示（图1）。

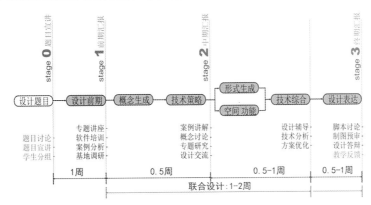

图1　天津大学"可持续建筑"专题联合设计工作坊教学流程

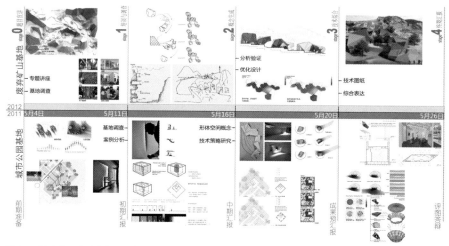

图2 天津大学－卡迪夫大学联合设计工作坊进度安排和各阶段教学内容

联合设计评图阶段包括中期评图和最终评图，由双方教师和所在学校的外聘评委共同评价。日程安排可以在专题设计时间范围内由双方讨论确定。

2. 视觉艺术展厅联合设计工作坊及作品分析

2.1 设计题目

分别于2011和2012年，英国卡迪夫大学教师CristianSuau带领学生与天津大学师生开展联合设计工作坊。由于双方学制不同，天津大学二、三、四年级与卡迪夫大学二年级学生各14人组成纵向班。设计题目为"可持续建筑——视觉艺术展厅"，规模为150～500m²。2011年选址在天津原租界区的睦南公园草坪；2012年选址在天津蓟县一座废弃的矿山。其主要功能空间包括：多功能展厅、咖啡吧、小书店、卫生间。设计要点包括：

1）艺术性：体现视觉艺术展示空间的特点，建筑本身具有展示性，结合景观设计，与环境融合。

2）灵活性和适应性：空间和构造体系能够适应不同的功能组织；鼓励可拆解的构造设计。

3）气候设计与材料可持续利用：采用被动式气候设计方法。结合卡迪夫大学的技术优势，鼓励用Ecotect等软件进行模拟分析。

设计成果除常规设计图和表现图外，要求提交材料清单、构造节点大样、技术策略量化分析结果，以及1：50或1：25的模型。

2.2 进度安排

为适应联合设计的日程，本设计的时间安排分为三个主要阶段。第一阶段（1周）由天津大学师生独立完成，包括讲座培训、基地调研、案例分析和初期构思，并安排阶段性汇报；第二阶段（1周），卡迪夫大学学生来华，并与天津大学学生在双方教师指导下共同深化第一阶段提出的概念设计方案，包括集中参观、概念设计汇报和成果汇报；第三阶段（5天），联合设计小组在卡迪夫完成最后的技术分析和最终成果汇报（图2）。

2.3 作品分析

视觉艺术展厅设计作业"行为反映器（Behavior Reflector）"以公园里人群的活动行为，尤其是上下学的儿童活动路径为出发点，选择了位于基地东南部的一片草坪。建筑外墙在一个平面内切割出不同尺度的旋转门，以简洁的构图，为大人和儿童创造了多功能、可穿越、富有趣味的空间。建筑采用可拆解的木构造，并对构造细部进行了研究（图3、图4、图5）。

学生作品"Box Besieged"借用"围城"的典故，试图通过螺旋形空间序列营造强烈的视觉效果。建筑主体结构为钢梁柱体系，最外层盒子由回收混凝土砖砌成具有特殊肌理的多孔墙体。内部另设一层可灵活开启的遮阳保温玻璃墙，以适应冬夏的不同气候。墙体孔洞的肌理通过3Dmax模拟，使室内获得最佳照度，并进一步通过实体模型，应用Cardiff大学的人工天穹和Megatron进行光环境实验（图6）。

作品"流年"通过实地踏勘，选择了矿山最有特色基地——废弃矿坑。方案借鉴古代石窟与山体融为一体的做法，沿着陡峭的坑壁开凿一系列洞窟（图7、图8）。材料从底部洞口的粗糙石壁演化到顶部轻盈出挑的钢与玻璃盒子，象征着人类艺术与文明的进化（图9、10）。为了给岩洞引入天然光线，该方案采用了光井构造，并通过Ecotect进行模拟分析（图11）。

3."超自然建筑"联合设计工作坊及设计作品分析

3.1 设计题目

2013年5月，明尼苏达大学的Marc Swackh-ammer和Blaine Brownell两位教授与天津大学师生开展国际联合设计。两位外教根据其专长，结合天津大学建筑学院三、四年级参加的2013年霍普杯大学生建筑设计竞赛题目——"消失的建筑"，提出设计主题"超自然建筑"，试图通过对自然界原型的解读，对建筑空间、材料或构造提出少费多用、功能优化的解决方案。建筑功能和基地自选，建筑总规模控制在4000m²。在仿生设计过程中，其设计要点强调：

- 不是简单模仿自然界的形态，而是研究有机体与自然联系的优化方式，以启发设计。
- 以最少的物质，获得最多的功能。
- 对传统材料和构造模式的反思和创新。

3.2 进度安排和教学方法

由于是首次合作，同时此次外教在津只有1周的时间，为了使学生了解并实践其设计方法，同时符合竞赛主题的要求，并达到课程设计的深度，本次联合设计进行了1周半的前期准备，学生完成竞赛解题、选址和概念构思；外教在津期间的7天内，学生根据自己方案特点，选择适当的生物原型开展仿生设计，安排2次汇报，5次讲座，以及5次课堂指导；最后根据中期评图的意见进行方案深化和成果制作。在师生的共同努力下，联合设计取得了很好的效果。

在教学方法上，外籍教师根据学生前期方案的特点提出仿生原型建议。学生通过图书馆和网络（例如：asknature.com）获得相关信息，确定仿生对象，并对其进行图解分析。图解包括两个层次：一是对生物原型及其功能原理的抽象表达，二是将其特征和原理转译为建筑（或建筑构件）语言，通常以平面和剖面分析图的形式表达。为适应联合设计的时间进度，在短时间内取得相对完整的成果，有的学生选择了建筑的某个局部构造进行研究与设计，并省略了对不同仿生对象的分析比选过程。

3.3 学生作品分析

作品"漫步失落之地"选址在新疆沙漠中废弃的地下古城遗址。建筑功能设定为青年考古者营地和研究中心。考古完成后，该建筑将用作遗址展示、研究和游客中心。沙漠夏季干热、日照强烈，而冬季寒冷，气候条件极端。学生选取沙漠植物"五十铃玉"为原型，研究其适应气候、控制光线的原理。这种植物呈簇状生长，每个单元呈倒置的不规则圆锥形，大半埋于地下；顶部透明，侧壁厚而多汁。这种结构能够阻挡过强的阳光，并将其反射到位于单元底部的叶绿素，进行光合作用（图12）。厚壁、簇状组合和半掩土的生长方式有助于单元内部保持适当的温度。该作品对仿生原型的平面、剖面和群体组合方式进行了图解分析，并较为成功地转译为建筑空间（图13）。建筑地上部分低矮，形体与沙漠、遗址环境融为一体（图14），同时内部空间达到了适宜的采光和保温效果。

4.结论

1）为期3周的"可持续建筑"专题设计结合了中外教师的教学方法和经验，其紧凑高

图3 "行为反应器"视觉艺术展厅设计方案外观及结构体系模型

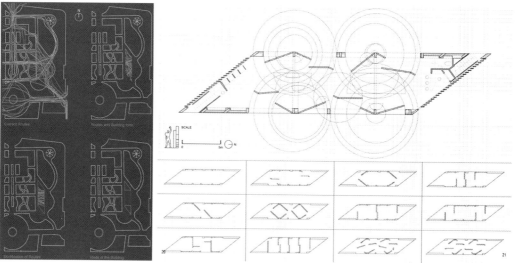

图4 "行为反应器"视觉艺术展厅总平面生成过程分析图及平面分析图

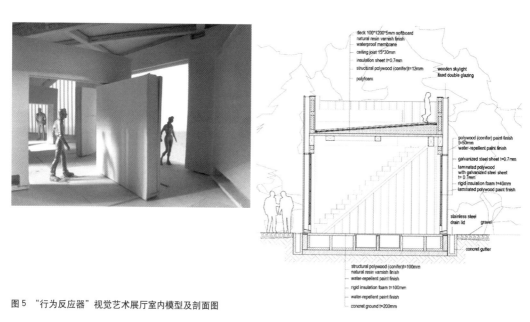

图5 "行为反应器"视觉艺术展厅室内模型及剖面图

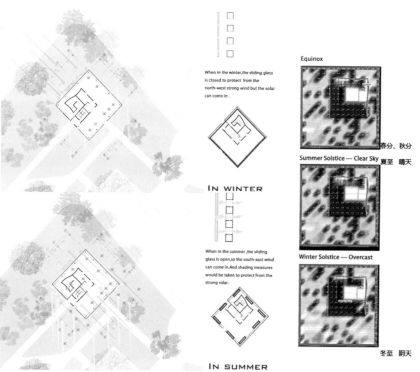

图6 "围城"视觉艺术展厅气候设计和光环境分析图

图 7 "流年"矿坑艺术展厅概念效果图

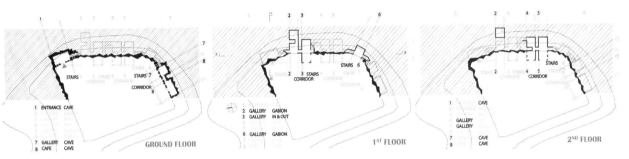

图 8 "流年"矿坑艺术展厅各层平面图

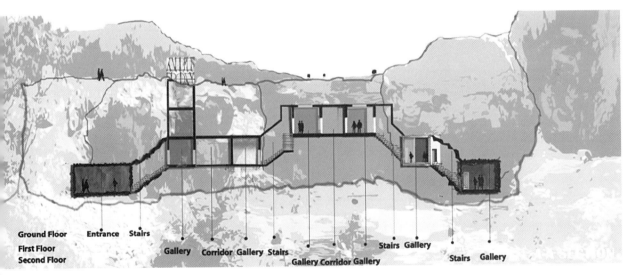

图 9 "流年"矿坑艺术展厅剖面图

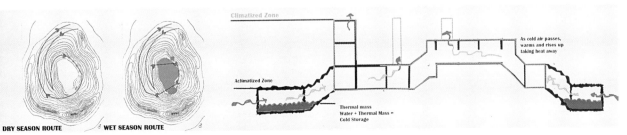

图 10 "流年"矿坑艺术展厅分析图：丰水季和枯水季路线图，夏季通风剖面分析图

强度的特点有助于开展国际联合设计教学。

2）在 1 周前期准备基础上，学生能够在 2 周左右的联合设计教学时间内，通过专题讲座以及与指导教师持续的讨论与交流，快速掌握相关知识和分析方法，并完成创造性的设计方案。在附加的一周，学生能够在设计深化和成果表达方面达到较好的深度。

3）"可持续建筑"强调建筑与自然环境和人文环境协调，实现技术、艺术和功能的统一。与卡迪夫大学的联合设计工作坊强调视觉艺术表达，重视构造的灵活性和材料的可持续利用，并力图通过定量的分析方法优化方案。与明尼苏达大学合作的工作坊采用仿生设计方法，强调对生物界适应环境的形态、功能和原理的解读，并将其转化为少费多用、功能优化的创新性建筑方案。

4）本联合设计需要多学科知识的综合，在讲座、培训和设计指导过程中邀请了建筑技术专业的教师和研究生参与，使学生能够在设计过程中学习和应用建筑技术知识，收到了较好的效果。

5）截至 2013 年 7 月，本专题两项作业被评为全国优秀国际联合设计作业，一项入围 2013 年"亚洲新人战"中国区选拔赛，两项获得"蓝星杯"国际大学生建筑设计竞赛优秀奖。

6）本联合设计专题未来的发展方向包括：丰富设计命题，完善教学方法，进一步加强与建筑技术及其他相关学科教师的合作，使学生能够更深入地理解可持续设计，并运用量化分析工具优化设计方案。

（注：本专题研究获得国家自然科学基金项目资助，项目号：51108303，51178292。国际交流与合作获得国家引智基地项目资助，项目号：B13011）

参考文献：

[1] 张颀，许蓁，赵建波，立足本体，务实创新：天津大学建筑设计教学体系改革的探索与实践 [J]. 城市建筑，2011 (3)：22-23
[2] 曾坚，序言，见：曾坚等编著，天津滨海新区夏季达沃斯永久会址城市设计：2009 八校联合毕业设计作品 [M]. 北京：中国建筑工业出版社，2009
[3] 刘彤彤，张颀，荆子洋，许蓁，赵建波，天津大学建筑学专业主干课程教学体系改革的研究与实践 [A]. 中国建筑教育：2011全国建筑教育学术研讨会论文集 [C]. 北京：中国建筑工业出版社，2011：3-6
[4] 赵建波，天津大学建筑学院研究型设计教学的改革与实践 [J]. 中国建筑教育，2009（总第 2 册）
[5] 杨崴，贡小雷，生命周期中的建筑：建筑学三年级专题设计探讨 [C]. 中国建筑教育，2011 全国建筑教育学术研讨会论文集 [A]. 北京：中国建筑工业出版社，2011：131-137

图片来源：
图 1：在天津大学赵建波老师建筑设计教学体系课件基础上改绘
图 2：作者自绘
图 3、图 4、图 5：卫若宇、黄萌雅、Anna、Cris、Qasim 设计
图 6：王南珏、李静思、Dave Rossington、Karimah Hassan 设计
图 7、图 8、图 9、图 10、图 11：谭笑、孙欣晔等人设计
图 12、图 13、图 14：牟玉阳光设计

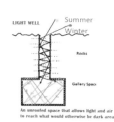
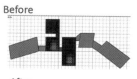
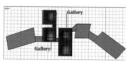

图 11 "流年"矿坑艺术展厅采光井概念草图和 Ecotect 分析图

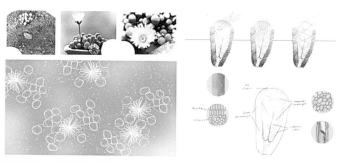

"五十铃玉"植物形态及其组合方式分析　　"五十铃玉"单元构造及光线控制分析图
图 12 "漫步失落之地"青年考古者营地仿生原型分析图

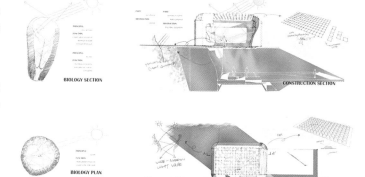

图 13 "漫步失落之地"青年考古者营地仿生原型剖面、平面分析及其建筑转译

图 14 "漫步失落之地"青年考古者营地效果图和概念平面图

作者：杨崴，天津大学建筑学院　副教授；贡小雷，天津大学建筑学院　讲师；孙璐，天津大学建筑学院　讲师

过程—模拟—介入

——以 Processing 工具为基础的开放性设计教学实践

盛强　苑思楠　Jordan A·Kanter

Process-Simulation-Intervention

——An Open-ended Design Studio Based on Processing Software

■摘要：本文介绍了天津大学本科三、四年级的一次应用 Processing 编程工具进行的全英文设计课教学，探讨了以动态图解工具为基础的开放式设计过程。通过对基地的实地调研、问题的提炼和分析、图解工具的应用、与参数体系之间联系的建立，直至对"过程"的理解和模拟，该教学着重训练了学生提出问题、分析问题、解决问题的理性设计过程。同时，这也在本科生设计课中尝试了研究型设计的教学实践。

■关键词：Processing　开放性设计　动态图解

Abstract：This paper presents a designing studio for the third and fourth year students in the school of Architecture in Tianjin University. It aims to explore an open-ended designing process based on dynamic diagraming tools. The students are required to problematize, analyze the site and illustrate the dynamical relationship between difference parameters. Through modeling and simulation, student's ability of logical thinking can be enhanced. It also explored a way of integrating the research and design in the undergraduate education.

Keywords：Processing；Open-ended Design；Dynamic Diagram

1　背景简介

随着 19 世纪经典物理学的完全数学模型化，一种把物理世界视为由齿轮般的机械构成的世界观占据了主导地位。在这样一个世界中，"时间"没有什么创造性作用，未来的发展趋势已经由系统过去的运行状态完全决定了。尽管在 Hamilton 那套一统经典物理学（包括了力学、光学和基本的电磁学）的方程式中时间作为一个变量存在，但那不过是一个系统的外部描述性因素；当某一具体时刻的方程确定后，系统在未来和过去每一刻的状态也就确定了。然而，随着 20 世纪 70 年代各个领域兴起的对复杂和自组织现象的研究，这种静态而线性的世界观也受到众多质疑。具体到建筑和城市学领域，当代的建筑学正经历着从类型学到变形学的转向。从最初的解构、折叠（folding）、Blob，到对形体的各种拓扑变换，建筑师们对新兴的软件工具带来的形式自由充满着探索的热情。从这个意义来说，建筑师对复杂系统"不确定性"的思考更多地反映在对"不确定形"的操作中，因此设计的成果也往往成为对特定动态过程或趋势的静态表现。

当然，电脑软件系统带给我们的自由空间不仅仅停留在形式的表象上。本文所展示的是天津大学建筑学本科三、四年级设计课中应用Processing编程软件进行设计教学的一次尝试。通过强调从基地中主动发现问题，从"过程"的角度来理解问题和分析问题，本课程希望训练学生以研究为出发点，以图解分析和编程为手段来启动设计的工作方法。要求学生从应用Processing绘制动态图解来模拟自己感兴趣的自组织空间行为，然后尝试通过设计手段来介入进而改变这一自组织的过程。作为四周全英文的专题设计教学，本课程忽略了建筑规范和技术的限制，而主要强调图解分析引导的形式生成过程。

本课程为学生提供了一个具体的基地，基地位于天津老城厢以西的回民聚居区这个地块（图1）。本地块大致被一条十字街分为四个街区，其中横向的西关大街是天津老城西门外的轴线，历史上便比较繁华。该区域内居住着大量的回民，其中西北部的街区主要为老棚户区，拆迁工作由于受到当地回民的反对而暂停了数年。这导致基地本身呈现出混搭和临时的状态：一方面，不同时代的住宅建筑混合在一起，在停滞下来的拆迁区和新中国成立后建设的老砖混多层住宅内，旧有的生活仍在继续，而一街之隔便是排斥外来者的新建高层住区；另一方面，由于临时性导致的管理缺失，使得西关大街西段成了零散摊贩聚集的场所。在身临其境之前，很难相信在城市中心的区域会存在着这样一个跳蚤市场：市场大部分

摊贩贩售的商品似乎是从拆迁的垃圾中分类挑选出来的各种旧物。其商品类型多样，从门窗把手等建筑构件，到USB、手机电池等数码产品，甚至古董、成人情趣用品等等。除此之外，回民聚居区本身也为该地区的商业带来了某种独特的可识别性。基地中的一个牛羊肉铺直接把兽栏建在街面上，并每天早上都当街屠宰牛羊，引发众多民众围观。总而言之，"多样化"（从建筑类型、商业功能到社群）已经成为这个基地的关键词。

尽管基地内有着复杂多样的实际问题，但在控制形式发生过程的编程方式无外乎几个方向，设计的结果和侧重点却各有不同。从这个角度来说，编程的工作方式使得我们不得不直接面对事物或形态发生的机制，而非作为结果的形态本身。本文将通过对这些不同方向的详细介绍，总结这次Processing教学中获得的经验，希望为在相似方向上探索的同行提供可借鉴之处。

2 基于"过程设计"观念的Processing设计教学平台

Processing是由美国MIT（麻省理工学院）的Media lab研究室美学与计算机研究小组，于2001年共同开发的、用于视觉艺术以及视觉化呈现的程序设计平台。在十多年的发展过程中，该平台日趋完善，目前已经形成了集Java编程语言、程序开发环境以及网络共享社区为一体的程序教学与艺术研究综合性工具，并在美国、欧洲、澳大利亚等国被近百家大学、上万名学生、艺术家、设计师以及研究者所使用。近年来，国内一些艺术与建筑设计院校也初步尝试引入processing设计平台，在教学与研究环节中对学生进行训练。

2.1 Processing软件主要技术特点

Processing从开发之初便一直坚持免费与开放源代码的理念，从而使得该设计平台得到了极大的推广和改进提升的机会，并在艺术与设计教育领域

图1 基地范围及跳蚤市场场景

被更多地采用，同时网上还提供了大量免费的拓展工具、教程、案例与资源库供使用者学习使用。这种开放的方式使得 Processing 平台上的各种资源库类型非常丰富，从而实现多样的程序功能。

另外，在视觉艺术开发与表现方面，其内部整合了高效的 OpenGL 三维图形引擎，使得程序开发者可以方便地调用图形接口，充分利用电脑硬件图形渲染功能进行图形视觉设计，并便于与建筑学常用的一些建模软件结合，甚至可以和其他一些音频和视频处理软件结合，这种开放和兼容性为学生进行动态图解分析提供了极大的开放性和便利性。

2.2 过程性模拟与设计——Processing 软件的概念核心

相比于当前其他参数化设计软件，Processing 软件的核心概念即在于它提供了对于特定系统演化过程的模拟，而这种过程性的设计概念在建筑以及城市设计领域日益受到重视。这与近年来混沌科学以及复杂性城市理论的发展密不可分。

复杂性理论认为城市非一个固化静止的设计结果，而是一个无时无刻不在经历发展与演化的动态系统。城市内部的一切具体与抽象的对象：建筑物质实体、人群、交通、商业、货物等等都在发生着相互作用关系，或保持动态的平衡，或经由剧烈变化并逐渐进入新的平衡态。城市系统中任何新引入的对象都会对系统内部与其发生关系的对象产生影响，并影响系统产生相应的变化，而这种变化又会反作用于新的对象之上。正是由于这种复杂的相互作用与动态的变化过程，使得真实的城市远比传统规划的设计蓝图要丰富和复杂，同时这种系统可以应对于各种复杂或新的变化，并保持最合理的功能与形态结构。

而这种动态过程的模拟，恰恰需要 Processing 这种过程性设计软件提供支持。Processing 软件为程序设计者提供了最为重要的两种自组织过程模拟功能。

1）多自主体模型（Agent-Based Model）

自主体（Agent）指代城市中的各种对象，它既可以是生命体也可以是非生命体。因此个人、机构、私人公司都可以作为有生命的自主体；无生命的自主体则包括城市的自然环境、城市肌理、街道界面等等。所有有生命的自主体都具有各自行为特性，并能够产生相互影响。在 Agent-Based 城市模型中，自主体的行为特性以及相互作用关系常被描述为算法中的规则，并在规则作用下 Agent 产生运动和变化，从而对城市内部各类动态过程进行模拟。

2）元胞自动机（Cellular Automata，CA）

元胞空间是由细胞元栅格排列形成的城市空间模型，而元胞自动机则指一个细胞单元在与相邻的一个或多个细胞的相互作用下产生变化的机制。相对于自主体，细胞元模拟的是城市中的静态构成要素，如城市基础设施或者用地性质。元胞自动机（CA）可以独立作为城市模拟模型，也可以与行为体共同构建起一个城市模拟模型（如 Portugali 提出的 FACS 模型），此时元胞空间被作为自主体运行的空间基础，细胞元既受到临近单元的影响，也可以受到自主体作用的影响。

集成了 AB 与 CA 两种重要的自组织模型，Processing 可以实现对于城市系统内部演化、突变、遗传等多种现象的模拟，从而为设计师提供有效的动态介入与模拟工具。

2.3 基于 Processing 软件的"过程设计"方法

Processing 软件在建筑设计中的应用，为城市与建筑设计引入了全新的过程性观念与方法。在过程设计中，设计目标不再是以某种特定形式的城市或建筑方案为最终目的，而是尝试对设计对象在自然或社会环境系统中的动态演变过程进行模拟，而后进行设计介入并优化。这种设计的结果是开放性的，可以根据环境外部因素的转变而进行应对和转变。

针对 Processing 的上述特点，本课程将训练的重点放在建筑设计的前期，即从分析、发现问题到设计概念和初步方案提出阶段，最终提交的作业要求并不在于技术和规范层面的完成度，而仅强调从理论到基地分析、总结问题、设计概念到初步方案的连贯性。从这个角度上讲，作为方案设计工具的图解，即是本课程中设计的成果，而 Processing 软件则帮助实现设计图解的动态化。

具体的设计教学过程性设计大体可以分为图解分析阶段（Diagramming）、软件模拟阶段（Programming）和方案设计阶段（Intervention）三个步骤：

（1）图解分析阶段（Diagramming）：设计问题研究、设计对象分析与行为关系提取。

针对学生具体感兴趣的问题或现象，采用类似社会学 ANT 理论的分析方式，提取引发该问题或现象的各个要素形成的网络，并通过图解分析将这种影响关系可视化和量化。

（2）软件模拟阶段（Programming）：数学模型建构与行为模拟。

将提取的与设计对象相关的各种影响作用关系通过数学模型的方式加以描述，并利用 Processing 软件对这种相互作用关系及其空间行为进行模拟，并通过对比研究模拟空间行为与真实空间行为，对数学模型进行调整与优化。

（3）方案设计阶段（Intervention）：设计操作介入。

在对设计对象关系深入认知和准确模拟基础上，针对之前所提出的设计问题进行设计介入。为现有设计系统中加入新的元素，通过触发新的系统元素同设计对象以及整个系统环境之间的作用关系，使系统内部发生自下而上式的进化与转变，或者将现有系统在新的场地中增长与发展，从而对现有问题进行应对。这一过程同混沌系统中普遍存在的"蝴蝶效应"十分类似，通过局部的介入带来整个系统的变化。

相比于传统设计介入方式，过程性设计不再将行为环境系统确定一个最终结果，而是建立起一套动态的演化过程。这同城市与建筑系统的真实状况更加吻合，也更容易对各种变化进行灵活应对。

3　作业案例

如前所述，本课程的基地非常复杂而多样，各组学生有足够多的关注点和切入点来分析基地内的各种自组织发展过程，下文将举例展示一些比较有代表性的设计成果。

3.1　元胞自动机模拟模型

CA 程序的特点在于比较适合模拟以局部临近性为基础的、自下而上的空间演进过程。本方向中比较有代表性的一份作业把基地西北角拆迁中的平房区作为研究对象（图2）。他们关注微观尺度生活——在废墟中的"钉子户"们如何拓展个人的空间领域。

该组学生从对基地西北角拆迁区内建筑状态的评估开始，在地图上详细标注完全拆除的建筑、半拆除建筑及完好建筑的空间分布及使用状态。发现钉子户对周边空间的占用过程体现了一种熟人社会网络关系和就近方便的原则，而后者则起到了更主要的作用。进而以基地中比较大的废墟空场为中心，针对其中三个区域展开详细的调研，在地图上标注当地居民对周边建筑的占用情况，如储藏、养花及放置其他休闲设施和家具等等。从中发现，居民对周边空间的占用行为是分层次展开且彼此促进的。起先是以住宅为中心就近寻找放置闲置物品的存储空间，而后在更适合的空场或街巷上放置花盆、桌椅等生活设施。留守居民比较密集的地方，空间占用的愿望也更加强烈（图3）。

基于这部分调研，其成果被转译为控制各个元胞间相互作用和自身拓展的规则（图4）。基地的现状作为模拟的初始状态，元胞分为完整的建筑、半拆除的建筑和空场三种，用来填充这些元胞的功能分为居住、存储和花园三种。彼此之间的互动关系如下：首先，作为一个元胞规则，随着每个元胞附近的活动的增加，会增强该元胞的使用强度；其次，储藏和住宅等功能的作用范围为一个单元，且所有的储藏空间必须与住宅直接相连，而花园绿地的作用范围为三个单元；最后，根据不同的作用距离和条件，系统将生成新的住宅或花园。比如，当一个住宅的周围均为花园而

无法拓展时，该住宅将向上发展形成多层或高层。当一片废墟闲置过久时，其中会自发随机的产生出新的花园，而当周边一定范围内恰好有一定数量的住宅存在时，这个花园便有机会成为新的生长点，刺激进一步的空间占用行为。

图5显示的是根据该规则对基地中自发空间占用现象的模拟。当然，类似的状况在目前的管理制度下当然是不可能出现的，但这种增长模式带来的效果是一种城市肌理的延续和发展，并存在着一种合理的微秩序：也许储藏空间会变为廉价的住宅，而现有元胞中的住宅可能会被发展为公建，但它们与各个层级公共绿地之间的关系却保持着一种合理的比例与分布。从这个角度上讲，动态的图解带来的是一种抽象的空间使用构架，而具体的功能则是开放的，类似的成果我们还可

图2　拆迁中的平房区及钉子户的自发空间占用行为

现状分析图　　　　　　　　　　　　具体案例

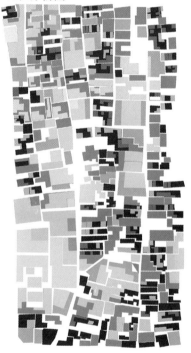

图例：

使用强度 intensity
低　　　　　　　　高

完整建筑　　house

半拆除　　half-closed

全拆除（空场）open

储藏空间　　storage

拓展储藏空间的住宅

与临近空场的联系

图3　拆迁中的平房区及钉子户的自发空间占用行为

元胞的生成规则

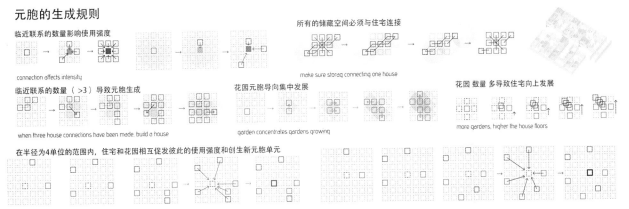

临近联系的数量影响使用强度
connection affects intensity

所有的储藏空间必须与住宅连接
make sure storag connecting one house

临近联系的数量（>3）导致元胞生成
when three house connections have been made, build a house

花园元胞导向集中发展
garden concentrates gardens growing

花园 数量 多导致住宅向上发展
more gardens, higher the house floors

在半径为4单位的范围内，住宅和花园相互促发彼此的使用强度和创生新元胞单元
in a specific range, houses and gardens concentrated each others growing

图4 元胞的生成和生长规则

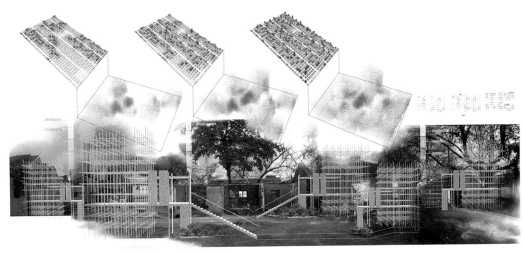

图5 生长过程模拟

以在其他的作业中看到。

3.2 多自主体模拟模型

与 CA 不同，作为基本单元的自主体（Agent）并非是与空间直接相关的构成元素，而是它们的集群运动令不同形式的空间结构得以在更高的尺度和层级上涌现出来。本课程中一个比较有代表性的例子，是一份试图模拟街道空间形成机制的作业。

另一组名为"Junk Space"的学生作业从对拆迁区建筑垃圾堆场的调研开始。他们实测了当地所有垃圾堆场的面积、使用频率，估算了现有垃圾的体积。发现垃圾堆场的容量和实际垃圾的堆放量与该垃圾所在的位置（可达性）有关。

经过对这个过程的分析，该组应用 Processing 编制了基于最短路径的多自主体模拟模型，对基地内的垃圾堆场中可能的垃圾投放和清运过程进行了模拟，呈现出各个堆场的使用频率及各个街道空间的可达性（图6中图）。这个结果与该地垃圾堆场实际的使用情况（经过公式计算将使用频率和空间连接度整合为一个参数，称为"堆场使用强度"）对比（图6左图）呈现出一定的相关性。有趣的是，本组将垃圾投放和清运的研究代换为

购物过程的逆向操作。扔垃圾会本着"就近省力"的原则，从这一点来说与对商业空间的要求是一致的，只不过从概念上废品被置换成了商品，而"丢弃"的过程可以被逆向操作变成"获得"。因此，基于空间容量和使用强度两个参量，基地上的垃圾空间可以被分为四类：A，使用强度和空间容量均高的地点；B，使用强度高但空间容量低的地点；C，使用强度低但空间容量高的地点；D，使用强度和空间容量均低的地点。这四类空间可以分别对应四种城市功能：A 类地点可以建造相对大型的商业和文化娱乐功能空间；B 类地点可以建造小型的零售业空间；C 类地点可以建造社区公园等开放绿地公共空间；D 类可建造社区服务类商业或小尺度的休憩空间。此外，对于具体的设计过程，本组学生试图直接使用各个场地上现有的建筑垃圾来建造新的建筑或构筑物，通过这些手法，新建的社区可以在材料上呈现一个有机更新的过程，从而在体现出该地作为拆迁废墟这段历史的同时，满足社区生活自身的公共空间使用逻辑。本案例是一个将 Processing 用于研究并通过概念转换导向设计的出色案例，该研究发现的空间逻辑也触及到了城市经济行为的基础层面，显示

出距离－频次－空间模型的雏形。

3.3 其他方向

除应用Processing的编程功能建构模拟模型之外，也有个别组尝试应用Processing与其他媒体工具的连接来探索解读基地的新方式。其中比较有代表性的是名为"Singing Market"的方案，该组从声音的角度来体验基地的复杂性。通过在不同时间段对基地中声音的记录，应用Processing将一系列音频文件转化为可视的动态图解（图7）。

作为传统市场中一个重要的元素，声音（吆喝声）的重要性正逐渐被可视化的广告取代。市场的嘈杂本身也成为干扰当地居民的一个因素。基于这些问题，本组学生根据对本地声音分布的研究，试图在一些关键性的节点上插入一些控制声音，改变声音的构筑物（图8）。该组构筑物由反射声音的空间和"消化"并选择性放出声音的空间构成。通过对背景噪音的消除，及对特定频次声音的扩大，希望为市场内的顾客提供更为丰富而集中的、以声音为特色的购物体验。同时，随着对杂音的过滤，以及对相关特定功能声音的放出，这些构筑也通过声音将街道空间中特定的仪式（如杀牛或穆斯林的礼拜）传达给周边居民，营造一种公共空间与居住空间之间可控的交流模式。

4 结论与讨论

从本次课程设计的教学过程来看，对本科三、四年级学生的挑战还是比较大的，具体主要体现在以下几个方面。

首先，由于采用了全英文教学的模式，从理论、软件教学、学生PPT报告和讲评的所有环节都仅使用英文，表达和交流上的困难在最初的一两周很明显。其次，Processing与Grasshoper和Virtool等可视化编程工具不同，它的编程界面是直接键入语句。熟悉编程的思考和表达方式对学生来说需要一个过程。当然，在这次实践中我们发现Processing开放的资源库和丰富的工具、组件、教程等为学生应用提供了很大的方便。在很多组的作业中，基于已有的案例修改往往成为学生开始编程的起点。

最后，但同时也是最重要的，本课程发现基于Processing的教学客观上强调了研究在设计流程中的重要性。由于编程这种工作方式客观上迫使学生必须把自己感兴趣的问题分析清楚才能进入过程模拟阶段，其结果必然地突出了前期研究和分析的重要作用。事实上，从教学的结果来看，在前期图解分析中做的系统而深入的小组，在编程中也往往由于目标明确而取得了比较理想的成果，而一些形式把控能力较强的学生却往往不适应这种工作方式的转变。本次的设计不能像传统建筑设计那样直接面向结果，甚至不能应用形式

图6 垃圾堆放场的空间使用状况与可达性分析

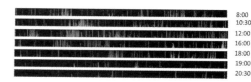

图7 西关大街在不同时间的声音地图

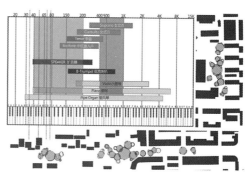

图8 声音的处理策略及插入建筑／构筑的位置

思考能力和手法来操纵形式生成过程。

从这个角度来说，Processing软件及其背后所蕴藏的自组织、过程化设计概念为城市与建筑设计提供了一条新的思考方向与设计道路。让学生理解城市和建筑形态产生的经济和社会学内在动因，并尝试运用复杂性城市思想进行城市设计。这样的训练，可以使学生理解到在一个动态城市进程中，设计师所扮演的角色位置以及可能发挥的作用。

（国家自然科学基金资助项目，项目号：51208343、51208346）

参考文献：

[1] Delanda, M., (2002), Intensive science and virtual philosophies [M], London, Continuum press.

[2] Portugali, J., (2000), Self-Organization and the City [M], Springer.

[3] Latour, B., (2003) "On Recalling ANT", published by the Department of Sociology, Lancaster University, Lancaster LA1 4YN, available on web：http：//www.comp.lancs.ac.uk/sociology/papers/Latour-Recalling-ANT.pdf, accessed on 20 May 2008.

作者：盛强，天津大学建筑学院 讲师；苑思楠，天津大学建筑学院 讲师；Jordan A·Kanter，美国建筑师及学者

丁沃沃　郭红雨　魏皓严　冯果川　青　锋　刘晓光　裘　知

何莹莹　刘诗芸

拓宽视野，增长见识

丁沃沃（南京大学建筑与城市规划学院，教授）

读书是大学生校园生活的重要组成部分，在当下各类书籍信息充斥的环境里，如何在相对有限的时间选择阅读对象似乎成了一个问题。

对于大学生来说，书籍分四类：第一类是教材，第二类是与教材或课程直接相关的教学参考书，第三类是与学生综合素质相关的书籍，第四类也挺重要，即娱乐休闲类书籍。教材和教学参考书的目的是主要解决和课程相关的基本知识的建构问题；在编写上以知识点为主，就事论事，以定论为主，鲜有讨论。尽管教材和教学参考书不可或缺，然而对于一个大学生的成长来说是远远不够的，尤其是建筑学类的大学生。为此，这里为建筑学的大学生重点推荐的是建筑学专业之外的书。

建筑学的学科特征——奠定了优秀的建筑师应该具有宽广的知识背景。建筑学是古老的学科，其主体知识构架富有及其强烈的综合性特征，且学科内涵会随着社会发展而不断变化。如西方古典建筑学中，建筑是"艺术"的一个分支，建筑形式须体现形而上的美学观念，建筑柱式及其组合规律，立面比例及其韵律构成了古典建筑形式美的评价标准。当西方现代美学观念转变后，现代建筑则以功能和空间作为建筑审美的核心价值，结构的真实性、功能的合理性一度成为机械美学的标准。在中国的传统观念中，建筑是服务于社会的用"器"，作为"器"的建筑有特定的类型、做法，乃至形制，因此对于中国传统建筑，"样式"和"做法"是重要内容。当代中国建筑学建立在西方古典建筑学的基础之上，隶属于工科而又融合了中国传统建筑学对建筑的理解。可以看出，在建筑学学科发展的历程中，不断吸收新的知识点并融汇于教学课程之中，使得它的知识框架趋于庞杂，这就造成了建筑学学生的知识面必须要宽。

建筑设计的行业特征——要求优秀的建筑师应该具有良好的服务意识。建筑的首要意义是建筑的功用，也就是建筑设计的目标是为人们提供更合适的使用而服务。建筑师的工作大多是为他人设计建筑，他要面对各种类型的功能和不同年龄段的业主。为此，建筑师首先要熟悉生活，了解社会，了解人生百态，并且要靠自己的知识面、见地和素养把握社会发展的脉搏。当然了解社会最直接的途径是经历社会的历练，对于在学的大学生来说，通过读书，也可以弥补一些教科书和教学参考书所不能提供的社会知识。

建筑设计的工作特征——要求优秀的建筑师能够为人们构筑宜人的可持续的空间环境。建筑师的工作是设计房子，那么如果看待没有建筑师依然可以建造房子这一事实？如果建筑设计的目的是解决盖房子的问题，那么如何理解结构工程师的工作？确切地说，建筑师不仅仅是按业主的需要盖房子，也不仅仅是按各技术工种的要求组织空间和处理技术问题。由于建筑和人之间在尺度上存在巨大的差异，任何建筑的存在都提供了或改变了人们活动的环境和空间，对人们在活动上、视觉上、心理上和物理环境方面都产生了影响。好的建筑设计就是通过恰当的形式、适宜的空间创造了良好的室内环境、室外环境、城市环境。因此，建筑师最重要的工作是用"形式"解决问题，对"形式"语言的理解和运用是建筑师的基本功。然而，专业的建筑设计训练不能取代形式的训练，因此，作为建筑学的大学生应该常读一些艺术类书籍增加艺术史知识，提高艺术鉴赏能力。简而言之，提高艺术品位和修养。

建筑设计的创造性源自各类知识以及常识。在建筑学人才培养的话语中，从来不乏"应该培养学生的创造性"之观点，然而鲜少有讨论"创造性"从何而来。只要"创造性"不是与生俱来，那么就和人才培养有了关系。暂且不谈"创造性"如何施教，首先分析一下"创造性"具备哪些特征，以建筑设计作品为例，必须强调的是建筑设计的创造性或创新虽然，包括了建筑作品视觉形式的新颖，但是形式的新颖和建筑设计的创造性断然不能画等号。具有创造性的建筑设计应该在形式上具有突出的特点和建筑技术上显著的进步，前者创造了优质的人造空间环境、视觉环境和生态环境，而后者解决了由前者带来的一系列的技术问题，或启用新材料获得的新的建筑品质，或运用新的构造技术带来的建筑能耗降低、环境污染减少等等。显然，创造性的内涵决定了富有创造性的建筑设计通常是不常见的或超常规的，当然也是教科书或教学参考书中所没有的。那么，作为创造性建筑作品的设计者的思想之源来自何方？似乎还得源自其丰富的历史知识，源自其对相关的甚至是看似不相关的学科新知识的了解，源自对日常生活真实的体验。最为重要的是，学生的贡献不在当下而在未来，提高修养类的书籍将使他们获益终生。

尽管应读的好书很多，然而读课外书的目的是为了提高修养，而不能取代专业技能的训练。所以建筑学的学生主要时间还是应该花在图房里做设计，闲暇之余最好读点哲学、美学类，历史类、社会知识类和设计修养类书籍。这每一类别的书目都包括了海量的内容，对于建筑学大学生来说当然可以根据自己的兴趣有所侧重。在此，仅针对刚入学的建筑类大学推荐一些读本，推荐的原则是通过接触这些读本拓宽视野，增长见识。当然，也希望这些读本成为一个跨入更高层次的台阶，自己能够选择更为合适的好书。

哲学、美学类

1. 《中国哲学简史》冯友兰
2. 《西方哲学史》罗素
3. 《西方美学史》朱光潜
4. 《哲学的故事》（上、下）威尔·杜兰特

历史类

1. 《插图剑桥中国史》伊佩霞
2. 《西方文明史》[美]马文·佩里主编
3. 《中国古建筑二十讲》楼庆西
4. 《中国科学技术史》第二卷《科学思想史》李约瑟

社会知识类

1. 《乡土中国》费孝通
2. 《追寻现代中国》（上、中、下）史景迁

设计修养类

1. 《设计心理学》[美]唐纳德·A·诺曼
2. 《艺术与错觉》[英]E·H·贡布里希
3. 《品读世界美术史》陈文斌
4. 《色彩的中国绘画》牛克诚
5. 《康定斯基论点线面》[俄]康定斯基

行万里时读万卷

郭红雨（广州大学建筑与城市规划学院，教授）

希望在这里谈的读书，不是课堂的教科书，也不是应考的辅导书，而是因为喜欢才学习、因为学习才阅读的读书。在这个急功近利的时代，"人很浮躁、书很寂寞"，写书的人远比读书的多。为什么而读书，读什么书和怎样读书，是容易被忽略的思考。《中国建筑教育》对这个问题的讨论，好像在繁忙的街头拦住一个刚刚从地铁中挤出来的灰头土脸的上班族，问道：你人生的信仰是什么？让被访者在各种错愕之后有一种警醒袭来！所以，这是个不好回答的问题，不易阐述的论题，当我将这个题目交给几个已经工作的学生后，得到的回答多是，"惊醒了，原来我已经不读书很久了。"有敢于迅即直面此事的人，立刻写了短文交卷给我，在梳理读书愿望的同时，也在清理心灵的需求。当然也有人感叹，此文题虽轻巧，内容却相当重，以至于不能简单交卷了事，需要更多时间思考。我想，不能对此论题成文的人也未必没有成文者的感悟多，毕竟，读书这件事和对读书的思考都是对自己心灵的交代，能有这样思考的契机就很好。是否可以以此说明，最有益的读书是审视内心灵魂的读书，是构筑精神世界的读书，是让我们的灵魂趋于高尚的读书，是帮助我们确立走什么样人生道路的读书，是在这个物欲横流的社会中让我们坚持青云之志不坠的读书。

图1 台北诚品书店
（摄影：郭红雨）

图2 高雄华文朗读节的艺文活动月刊
（摄影：郭红雨）

　　带着这样的目标来检视现在的读书，就会看到近年来，有大众心灵鸡汤功用的畅销书有多盛行，追求真理和独立意志的读书精神就有多式微。这两年去台湾会议和学术交流，都对他们的读书热情很有感触。第一次去台湾，就有不止一位的当地学者朋友给我介绍诚品书店（图1）和其他特色书店，就像我们对外来游客介绍北京的故宫、上海的外滩、杭州的西湖那样，自然而又极其自豪。有一位已经工作很久又回学校读研究所的景观设计师，照例给我推荐诚品时还说道，"如果很久不去那里看看书，会觉得不自在，去到之后，看到那么多书，那么多人在认真地读书，会觉得自己都变高尚了"。一个社会，把追求真理的读书视为高尚的活动，视为不可或缺的行为，不仅是读书人之幸，也是社会之幸。这样对纯粹的读书的尊重，不仅仅在有规模、有氛围的书店里，在社会生活的各处都可见。在高雄一处景点购票，立刻获赠一本关于"台北——高雄，文学——声音，华文朗读节"的艺文活动月刊（图2），红底白字赫然写道："高雄让全世界听见华文新声音。"对文化不加掩饰的欣赏，对读书大张旗鼓的尊崇，令人激赏。这样读书，怎能不成为生活的常态，成为有质量生活的需要呢？

　　在讨论了为什么而读书之后，总还要选择读什么书，或哲理、或文艺、或技术、或生活，这样的分类选择，既有个人偏好，也有专业驱动。不过建筑学和城市规划的学子们常会有跨专业的选择，尤其是建筑学的学生更有飞跃专业千里之外的读书取向。在80年代末至90年代初，重建工（原重庆建筑大学，现在的重庆大学）校园里，捧着海德格尔等哲学类书籍的建筑学子就大有人在。也许建筑师素有拯救世界的宏愿，又担心仅有形态和构图是没有撬动地球的分量的，因此亟须在深层次的精神领域为形态的建构寻求支点；而城市规划的学生们，一入门就深知城市规划所涉及的领域从社会生活到国计民生，无所不包，内容涉及：功能与形式、发展与保护、产业与生活、私有与公共、城市与乡村等等，不一而足。曾经有这样一个段子：一男生搭讪某位城规女生，"你好，在忙什么呢？"城规女生从文本堆里抬起头，沉稳而坚定地答道："城乡统筹"。如此广泛的专业范畴当然要求读书的内容更加广博，尤其需要充实理工学生所缺乏的社会文化、政治经济和社会发展方面的知识，并从这些著述中获取规划策略的依据。所以，在城市规划专业的城市设计课中，有时会遇到"DNA双螺旋结构"或是"蝴蝶效应"的方案，也有令人耳目一新的成果。相比较来说，规划学子选择的读物更务实，建筑学生的追求更超脱。不过出于开卷有益的想法，读物的选择范围还可以更广泛，一些自然科学类、生活休闲类的读物也说不定就能给陷于专业难题中的我们以启发。例如，我曾经在一本单车旅游的书中，学习了一种对山地文化环境和自然环境的分析思路；在意大利美食的书里，读到了托斯卡纳地区独特地域文化的阐述；在《中国国家地理》介绍56个少数民族的专刊中，认识了地方文化色彩的价值；在《三联周刊》关于茶道的介绍中，领略到文化内容与文化载体的相互促动，由此衍生城市空间与生活内容之间相互塑造的思考等等。对于涉及社会生活方方面面的城市设计与规划专业人士来说，广阔范围的读书一定会有获得更多惊喜的可能，所谓"功夫在诗外"嘛。

　　信息高速传播的时期，知识碎片化的传播方式越来越明显。对知识的掌握停留在知道的层面上，因为每天都有新的名词出现，时时都有新信息传播，我们没有时间深入思考，也没有心思慢慢领悟，只有依靠各路搜索引擎上提供的似是而非的解释及时更新我们的词库，没有多少不插电的休闲时间，让我们抱着纯粹地获取知识的目的读书万卷。

　　没有时间享受读书，这是个历史性的难题。记得我在应试教育的中学时代挣扎时，就有这样的难题了。那时我曾立下心愿：等我以后不再为了考试背书的时候，一定把那些极有文学价值和思想价值，却被应试教育视为毫无价值的好书全部读遍！刻骨铭心的无奈和渴望，记忆犹新，就如同我现在的心愿：等我不再需要考虑科研论文的影响因子（IF）时，我一定只为那些我喜欢的刊物写我想写的文章！顺便祈祷这个愿望快点实现。

在时刻都步履匆忙，每个人都"亚历山大"的时代，解决读书的时间难题，应该只有定制个性化的策略才能奏效吧。近年来，我的读书方式也因为繁忙的生活节奏而改变，从以前坐定品茗阅卷，到现在的边走边读，每次出差时根据时间长短和书本轻重，选择一到两本近期买的读物。因为在行路的过程中，可以专心的阅读，也可以用读物为自己营造一个精神的世界。如果行路过程枯燥，更可以读进艰深的书，可以借助对书的用心形成一个抵御外界繁杂的壁垒；而轻松趣味的读物则最适合在度假酒店的阳台上和清风一起翻阅，配一杯香茗更佳。其他人也许会有更适宜自己的读书时间与方式吧，或许还可以压缩一点在微信、微博上"熬鸡汤"的时间来读书。

有人说，人生是修行，也是旅行，最好的时光在路上。那我们就边走边读吧。无论是事业还是生活，都需要确立明确的导向，有益的读书可以帮助我们确定理想的目标，可以在忙碌的时候校准我们内心的方向，可以在烦乱的时候带给我们平和的心境，可以坚定我们行走自己的路的决心。如果要一定以此为题对同学们说些什么，那就是：读书吧，少年，行万里时读万卷，应该是很有意思的生活。

黑一把教科书，叹一声教育

魏皓严（重庆大学建筑城规学院，教授，博士，山地城镇建设与新技术教育部重点实验室研究员，嗯工作室负责人）

其实我这段时间快累翻了，虚火邪火一块儿上升。神志昏迷之际在学院的邮箱中无意翻到这封约稿信，顿时心花怒放：终于有机会当众吐槽了，哈哈哈哈。

我回忆起大学期间被教科书折磨时的痛苦时光，那种味同嚼蜡的读感和课堂上教师木讷的表情及其干瘪的语言，汇集成记忆里毫无光彩的灰色世界，让我几乎以为教科书都是由机器按照某种设置好的程序自动生成的，其目的就是为了摧残年轻人爱自由、爱幻想的灵魂，以保障社会的安定团结。那些被抽离了具体历史情境和现实生活状况的教条，就那么了无生趣而又道貌岸然地霸占纸张和我的视野，我真该为此索赔。

难道教科书真的需要冒充真理吗？真的需要做出永不犯错的样子吗？幸好还有小说、杂文、电影杂志和录像厅（我读书那会儿电脑和网络还未普及），它们保护着我对于阅读和观看的热爱；幸好在专业刊物里还有些有趣的文章，或者还有些有趣的人在写出有趣的大部头，它们保温着我的专业热情；也幸好还有日复一日、烦人无比却又机变百出、难以预测的生活，它们告诉我心跳不只是生物性的。

多年后我告诉我的学生，唯一能够有效地阅读教科书的方法是"还原基本大法"，即依靠生活经验和已有知识，再结合联想能力，将抽象枯燥的文句转化为具体可感的生活细节，以帮助理解书本里的内容并增加阅读的乐趣，比如在某版《城市规划原理》里看到这么一句："确定住宅的标准、公共建筑的规模、项目等均需考虑当时当地的建设投资及居住对象的经济状况。"这样子的一句话多吓人啊，就像是告诉一个青春期蠢蠢欲动想恋爱的少年："确定恋爱对象外观形态的标准、文化修养的水平、来历等均需考虑恋爱发生地的情感时尚潮流及自己的财务运营状况。"我很难相信少年能从这句话里得到什么明确有益的意见，即便得到了，也太过无趣，还不如给他看一本小说或者送他一张影碟。当不得不阅读这样的文句时，仅以"住宅的标准"为例，可以运用"还原基本大法"将其还原为对某种分类法的理解，即按照面积，可以将住宅分为大户型、中户型和小户型，各自的面积大约是多少；按照所在区位，可以将住宅分为核心商圈住宅、普通地段住宅和近郊区住宅等；按照景观，可以将住宅分为海景房、江景房、山景房与面向公园的住房……进一步地，还要分析这些分类法的社会生成机制，是将生存能力转化为对居住面积的占有呢，还是对区位的占有，又或者是对景观的占有，等等。仅仅对五个字的理解就可以展开这么多。

这种展开对于生活经验不足、知识结构未成形的年轻人来说实在不容易，那么在编书的时候干嘛不多举些现实生动的例子呢？教科书里为何不能多加一些社会新闻报道、专业概念的调侃式解读与历史典例详述呢？或者就干脆应该进行配套：用具体搭配抽象，用案例搭配教条，用当下的新闻搭配历史回顾，等等。只有基于对丰富多彩的现象世界的理解，理论抽象思维才可能获得良好的培育。

不妨现炒现卖地马上就黑一把教科书，对它进行一系列"坏"的联想：

1. 教科书是为了方便教师的集体偷懒而生产出来的批发产品，有了它，老师们不用认真备课，照本宣科就好了；

2. 教科书是学校为了名正言顺从学生及其家长的口袋里掏钱而存在的，中小学尤甚，大学也不差，是拉动教育产业链的"拳头"产品。

3. 教科书是教育霸权主义者为了统一大家的思想而采取的一种洗脑策略，他们总是杞人忧天地担心太有个性和思想的人会毁掉我们的社会；

4. 教科书是各个学校争夺教育话语权的手段，就像争夺进入春晚的机会；

5. 教科书是教师用来评职称的手段，为了评而编写教科书，而不是为了教；

6. 教科书其实只是工具书，就像字典，不必花那么多时间占有课堂时间，只要在百度上加一个词条"如何使用教科书"就好了；

7. 教科书的出现是为了方便考试和考研，否则找不到标准答案嘛；

8. 教科书是笨老师遇到聪明刁钻学生时的护身符和镇妖法宝；

9. 教科书是呆板父母的定心丸，是他们判定孩子还在认真学习的证据；

10. 教科书是满足毕业学生和失恋者强烈破坏欲的通用道具；

11. 教科书是用来建造纸飞机的原料，当一架载满文字的纸飞机飞出教室，回旋在教学楼间的时候，那是多么高端大气上档次的瞬间啊；

12. 在很久很久以前，教科书还充当应急的厕纸，卫生纸产业迅速蹿红后，这一功能就几乎销声匿迹了；

13. 在寒冬里没有暖气的宿舍，教科书偶尔也帮助莘莘学子感受温暖；

14. 就读大学的乐趣之一是阅读一本传了好几届的教科书，运气好的话可以追思出当年上课走神的学长的神走到了哪儿？是在思念一位学姐呢，还是在恶毒攻击现在站在黑板前想必当年也站在同一块黑板前的老师，又或者在上面为正在赶着的正图勾着小透视？我的一位朋友曾经在毕业季的校园卖场亲眼看到了她读大学时的一本教科书，上面写着她的名字。她与那本书已经久违达 7 年。

......

其实我并不确切地知道是否该有教科书，我所确切知道的是，每个教育者、每个学校、学院都该有自己的教育理念和教育伦理观。对于大学而言，更应该有基于自身学术脉络及其理论体系而建立的教育体系。遗憾的是，当下的国内，现实情况似乎是相反的：教科书太多而教育理念、教育伦理观和教育体系太少了。就像是一个人面对多如牛毛的菜谱，却不知道它们出自哪个菜系，后面的渊源何在。

散议读书

冯果川（筑博设计股份有限公司，执行总建筑师）

读书，除了指阅读书籍外，也指上学，所以我们在大学建筑教育的语境下讨论读书，既指向阅读书籍，也指向围绕着书籍教材建立起来的建筑教育本身。

关于教材

关于教材，我个人的理解是教育的形式比教育的内容更重要。如今国内院校的建筑专业教育不少采用通用教材、指定教材，无论这些教材的内容质量如何，仅这种指定和规范教材的做法就大错特错了。大学的教育不是要把学生的大脑格式化成一样的存储器，建筑学的教育更应该鼓励学生建立自己的专业见解，找到自己的专业道路。所以要让学生知道，建筑学本身没有唯一正确的框架和方法，使用通用教材本身没有教学上的合理性和合法性，而且还会从源头上造成学生对于建筑学的扭曲认识。通用教材、指定教材这样的形式本身散发着苏式教育强调统一思想的陈腐气息，仿佛集权意识形态训诫工具的丑陋化石，这与建筑学追求个体独立与自由的现代性精神背道而驰。使用通用教材容易助长教师的惰性，败坏学生的胃口。大学的教育不应是灌输式的，教育重要的是调动教师和学生两方的积极性。教师如何培养学生对专业的兴趣，激发学生的学习研究的热情和好奇心，比传授刻板僵化的知识重要。但是，指定教材、通用教材的做法实际上扼杀了教师和学生的积极性，同时给混饭吃的老师提供了方便。

关于阅读

由于建筑学的综合性，所以似乎需要很大的知识摄取量，建筑、工程、文化、艺术、历史、地理、科学等等好像也绕不开。因为要读的太多，同学们反倒望而却步，或者只舔食知识的糖衣，比如略过文字翻翻图片作罢。结果是很多国内的建筑师满足于当个知道分子，对各种知识浅尝辄止，甚者干脆就是文盲。我认为有必要降低阅读的压力，同时增加阅读的快乐。

先说降低阅读的压力。不少同学面对众多书籍不知从何下手，总觉得先要有个知识的整体框架，然后才知道该读什么书，以及每本书的内容该嵌入在哪里。可是建构知识的整体框架很难，所以选书时踌躇良久，阅读时进展缓慢。头脑的意识层面要建立清晰的知识结构不但难，而且可能是一种幻想，也许意识里压根儿没有什么明确的、坚实的知识结构。至少目前为止，学者们关于知识的分类和结构的认识莫衷一是：树形结构还是德勒兹式的块茎结构？还是别的什么模式更适合自己？恐怕至少在自己读足够的书之前是没有答案的。先建立框架再读书，还是先读书然后才有框架？我的经验是放弃这个"先有蛋还是先有鸡"的追问，先凭着兴趣和直觉开始阅读就好了，读不读得懂无所谓，先装进一些再说。放弃了对知识体系的预先谋划，阅读就少了很多压力和犹豫，而且还有很多随机的乐趣。这样做的缺点是过了好久可能和别人讨论起来还是觉得自己的知识没有体系很松散。但是继续放轻松，沉住气——前台的意识虽然没有建构起这些松散的知识碎片，但是后台的无意识仿佛自动机器一般在默默地装配这些知识，你越是放松，后台的装配速度似乎越快。所以坚持随机的阅读，最后得到的未必是一盘散沙的知识，而是悄然而至的某种结构化的知识体系。这并不是神话，而是切身的经验和精神分析可以解释的现象。

阅读本身有乐趣，但仅靠阅读的乐趣本身却是不够的。因为阅读是独自面对书本的孤独而私密的行为，同时阅读也是需要高度专注和极大耐力的行为，阅读的快乐有时需要很高强度的精力付出后才能出现，因此阅读需要鼓励、需要引导、需要交流，这些可以平衡和化解阅读中的孤独感和疲惫感，又能增加阅读的兴趣和热情。我在大学也不得不忽悠同学坐在楼梯上听我"说书"以宣泄阅读的寂寞。我建议采取开放式的群体阅读，比如教师向学生们推荐一些书籍和文章，然后组织大家讨论。这样的做法在国外大学很常见，但是在国内却还需要认真筹划和推广。首先老师要有相当大的阅读量和广度以保证推荐读本的质量。其次，老师要能营造一种开放、平等、有效的讨论气氛，让师生之间的互动将对文本的理解推向深处，让每个人能找到自己的阅读方式等等。另外，让学生自己去发现有意思的文本然后拿出来大家分享也不错。在我们工作室，每周都会有同事就自己感兴趣的书或电影、艺术或者其他什么爱好拿出来分享，由于有了在众人前分享这个环节，阅读的质量和动力往往会被提升，也因为分享环节的存在，学生会更主动寻觅有趣的文本，这也是开放共享式的阅读所带来的好处。

关于书

现在很多建筑师或者建筑系学生都感觉没有充分的时间读书，所以很多人选择只读自己认为有用的专业书，而且以读图为主。我以为中国当下的建筑学最缺乏的不是技巧而是思考，我们在掏空建筑学的各种设计技巧的同时，却拒绝建筑学的现代性内核。我们的建筑学在价值观上大多是犬儒主义，要摆脱国内建筑学的病态状况，我推荐大家读哲学。我是很实用主义也是很计较效率的人，所以我更关心关键性的问题，既然现在的关键问题是价值观的坍陷和思考的缺席，那么就需要哲学来解决这些问题。在我看来，哲学不仅讨论和建构了价值观，更重要的是提供了大量思考的工具，利用这些工具你可以建立自己的价值判断体系。对于这些思考的工具和模型，恐怕没有哪门学科像哲学提供得这样精致、丰富。所谓磨刀不误砍柴工，哲学提供了世界上最好的思维之刀，通过哲学的学习，我可以找到解决问题最好最有效率的工具，也就可以在设计上获得事半功倍的效果。尼采、德勒兹这类的哲学家是思维工具的发明家，他们的思想没有明确而固定的指向，他们的思想要通过读者自己的尝试和使用去发现。现象学的方法以及精神分析中关于无意识的理论，对于理解和思考许多当代日本建筑师，比如伊东丰雄、妹岛和世、藤本壮介等等的设计非常有启发。福柯、阿尔都塞的哲学是帮助我们窥视建筑中意识形态秘密的重要工具。因此，我的推荐是多看些哲学类书籍。

阅读危机

青锋（清华大学建筑学院，建筑历史与文物建筑保护研究所，讲师）

每周四下午，我都会在办公室里摆好一套茶具，准备招待来参与下午茶讨论的同学。这是作为"当代建筑设计理论"课程的课外补充，希望能与同学们聊聊课程中发布的阅读材料，或者是其他与建筑理论有关的话题。每次有同学来，我们都能很愉快地聊很久，从概念到形式，从建筑到伦理，从学业到未来等等，两三个小时很快就过去，仿佛没有人感到厌倦。但另一面的残酷现实是，在7次下午茶中，仅仅两次有同学到访，而参与的同学不过4人。通过询问了解到，造成这种情形一个主要的原因竟是大家没有阅读我发布的英文阅读材料，因此不好意思来参与讨论。

另一个提醒我本科生"阅读危机"的事件发生在上学期的"外国近现代建筑史"考试中。一道涉及"密斯·凡·德·罗二战前后建筑思想与建筑形态演变"的题目中，90%的同学忠实地重复了课本上"少即是多"、"模数构图"以及"全面空间"三个概念。显然，同学们认真地阅读了课本，并且记下了知识要点。但是在严格追随课本这枚硬币的另一面则是，其他推荐参考书中关于密斯的丰富观点无人提及，仅仅有几个同学敢于离开课本，用实际课堂讲授中我着重谈到的，阿波罗与狄奥尼索斯两种倾向并存的观念来理解密斯。在这个事例中，阅读不再是一个问题，阅读的目的以及对待阅读内容的态度，则更令人忧虑。

实际上，我们并没有理由指责同学。回想我自己的本科时代，认真读过的东西也寥寥无几，并无理由要求今天的青年一定要比十几年前的我们更为勤奋和自觉。况且现今的年轻人时间也更为紧蹙，课程更多，要求更高，课余生活也更为丰富，在人人网上互相调侃的5分钟，显然比啃读《建·居·思》的5个小时更容易被年轻人接受。即使是唯一一个在下午茶中承认自己读完了一份20页"当代建筑设计理论"课程阅读材料的同学，也是利用零散时间在"手机"上完成了这个任务。在建筑系的教室中，能看到同学在读"书"，已经变成小概率事件。

阅读的衰落或许还有更为深刻的原因。20世纪90年代的学生想要读点紧跟时代的专业读物，大多会选择文丘里、罗西、詹克斯，更有探索精神的会看看艾森曼、屈米，甚至是德里达。而今天抱有同样目的的学生应该读什么？变化在于，今天我们不再有众所公认的理论"教父"，不再有不二之选的"必读书目"，也就不再有简单明确的阅读导向。整个建筑界主导性理论倾向的缺乏，摧毁了理论阅读的基本指向。更有甚者，像赫尔佐格与德·穆隆这样的时代英雄，公开否认书本阅读对自己的设计有任何影响，以及荷兰先锋建筑师的实用主义，都进一步离间了建筑设计与书本阅读之间的关系。同时，任何阅读过当代理论文献的人都不得不承认，要想读懂这些东西，对于本科生、甚至是研究生来说，已经越来越遥不可及。理论研究的专门化与学究化，让普通阅读者的耐心消磨殆尽。

由此看来，"阅读危机"并非一个局部性的现象，也不是一两句对"体制"的苛责所能解释的。要想消除它，我们甚至需要对整体性的理论建构，建筑教育的课程组织，及社会性的文化消费进行调整。而更为关键的是，我们甚至并不清楚是否应该去做这样的调整，是否还需要整体性的理论建构？建筑教育是应该侧重于制作还是阅读？文本阅读是否可以被社交网络、搜索引擎、wikipedia所取代？这些宏观性问题本身似乎比"阅读危机"更为复杂。

好在，我们并不需要为所有人提供答案。作为大学教师，学术自由的学院理想让我们可以满足于只能影响一部分人的状态。在某种程度上，甚至可以像毕达哥拉斯学派那样，将某些信念作为信仰来看待，比如阅读。不管怎么说，我们还有一些坚持这种信仰的学生存在。在最新一期的 *Harvard Design Magazine* 上，一位哥伦比亚大学的教师用略带揶揄的口吻描述本科一年级学生的桌子上并排放着稚嫩的草图与 *A Thousand Plateaus*，并且要求在讨论设计前先讨论一下 Fold 与 Rhizome。而我则用这个例子鼓励来参加下午茶的同学，他们并非没有同伴。虽然要在学生的课桌上找到一本不是以图片为主的书并不容易，但也确实存在能够在一篇1000字的论文中同时引用柏拉图与维特根斯坦的同学。当与他们谈到没有时间读书时，我获得的建议不是减负，而是主动要求我在课程中增加读书报告的课程作业，这样能够督促自己一学期至少能读一本书。

最后这位同学的建议是我准备采纳，并用以应对"阅读危机"的办法。就像库哈斯所说，与其抵抗整个体系与潮流，可能还不如在潮流中"冲浪"。为了在这个时代坚持古老的阅读信仰，我们不得不牺牲一些自由与时间。还有另外一个实例让我相信，这种强制性措施的成果是完全值得，甚至超乎想象的：我要求修学"外国近现代建筑史"课程的同学为《走向一种建筑》一书重新设计封面，一位二年级学生杨良崧的作品完美地展现了阅读与设计的美妙结合，这样的作品，只能出自一位对文本有着"活"的理解的阅读者之手（图1）。对于拥有这样素质的同学，我们并不需要担心他的能力，更应该关注如何将这种能力挤压出来，成为有价值与深度的成果。

图1 《走向一种建筑》封面

这样的作品让我们对阅读信仰的延续抱有信心，或许明年下午茶的出席率能够帮助我们验证，这种信仰是否还有足够的根基。

跳出圈外审建筑

刘晓光（哈尔滨工业大学景观系，副教授）

当代各学科，分久必合，融合与交叉大势之下，需从大参照系反身关照。回想起来，从建筑学专业毕业已经20多年了，期间曾充满学科自豪和自信参与了建筑学专业（原哈工大）

的创建工作，合校后到城市规划系做了几年城市设计教学。刚跨过去不久就发现，视角和视野的不同，导致对建筑认识有很大差异。就一直很想给建筑学生讲讲，名字都想好了，就叫《Urban Architecture VS. Architectural Architecture》。后来又忙着创办景观学科，景观尺度更大，系统更复杂，从中又发现很多新的建筑、城规的增长点，又想再做个报告，名字也想好了，就叫《Landscape Architecture VS. Urban Design VS. Architectural Architecture》。可惜一忙，就拖到今天。跨越学科很不容易，尺度一变，依据、规律都变了。回头看看，过去所认识的建筑，如牛顿之于爱因斯坦，不过是小时空领域的特例而已，故总想站在建筑圈外，对传统建筑教育说两句爱深恨切的话。

1. 建筑与哲学。研究景观，首先碰到的就是哲学基点问题。在景观领域，环境哲学、生态伦理学是公认的哲学基点，以一切生命和环境的共同而长久的福利为最终目标，这是景观与建筑、规划的根本性分野。

那么，城乡规划和建筑教育里面没有哲学课程，难道就没有哲学吗？思考了很久才明白，有的，只不过是默认的、缺省的、不言自明的、不用教育的，就是西方逻辑体系千古不变的——人类中心论。人类中心论哲学，是导致当下环境恶化、资源枯竭、消费主义、享乐主义的根本罪魁。如果我们的教育体系里有东方智慧，就会教授庄子的《齐物论》。

建筑师应该在环境哲学、生态伦理学引领下清醒地设计。推荐罗尔斯顿的《哲学走向荒野》，利奥波德的《大地伦理学》，崔悦君的《创新建筑——崔悦君和他的进化式建筑》。

2. 建筑师价值观和世界观。当初我被忽悠和我忽悠学生的，很重要的一个观点是，建筑师可以通过作品给自己树立永垂不朽的纪念碑，也可以通过环境改造人和社会。这种典型的精英主义思想，导致现在学生在做建筑时，没事就扭两下；在做城市设计时，高高在上，不研究社会问题，不研究城市问题，依靠那无根的创造力和莫名的个性，堆一地奇形怪状的地标。当然和先辈们的教唆分不开，典型的就是臆断性的《雅典宪章》和建筑史学界对新思想的习惯性表面化风格解析（如对解构主义的误读，看看景观都市主义的理论和实践就会明白解构主义的深层机制）。

据说，学建筑的另一种原因是可以个人开业干活挣钱。这种自我实现的小我价值，在把人生价值融入为广大社会民众服务的城乡规划视野里，在把人生价值融入为全球生态福利的景观视野里，就显得十分渺小和自私了。

建筑师要服务大众，了解大众，把大我的个人价值体现在社会价值之中。推荐稻盛和夫的《活法》，听听《冬吴相对论》。关于修养，推荐林语堂的《生活的艺术》、傅雷的《傅雷家书》、梭罗的《瓦尔登湖》、司各特的《简朴生活读本》、卡梅隆的《阿凡达》、吕克贝松的《家园》。

3. 建筑与设计

建筑不是艺术，而从属于设计。西方古典艺术理论中把建筑列为三大艺术，有其历史根源和局限。设计学，刚刚被提升为一级学科，其实应该是一个更高层面门类。设计是整合科学、艺术门类下多个学科的研究成果，建构出新的适于人类及所有生命的系统性生存空间和技术。请看包豪斯设计学院、哈佛大学设计学院、宾夕法尼亚大学设计学院，他们的学科划分不是没有依据。十几年前，我们把设计学进行了工业设计与艺术设计的混乱划分，现在能提升为一级学科，也算是一点迟到的觉醒，但还是未搞清其应该作为门类存在的意义。与工程性的机械设计只研究物与物的关系不同，设计研究的是人与物的关系问题。建筑、风景园林、产品、平面具有共同设计特征，凡设计类属，皆在其下。设计与艺术不同，其评价标准是康德所讲的完满性，即科学、艺术、伦理（狭义即建筑领域常说的功能、技术、形式）的全面性评价。艺术则只是以审美和认知的单一标准来衡量。

推荐王受之的《现代设计史》。

4. 建筑与城市

建筑从城市规划中应该学习的是社会生态理念。设计城市，实际上是设计社会，构建城市社会生态系统，要研究社会学、经济学、城市学等。

在城市视角看，建筑不过是其中一种空间构成元素，量大而已。但传统的建筑学，对城市是三不主义：不重视，不研究，不参与。

历史上，建筑大师很多都是非常关注城市发展的，如莱特提出"广亩城市"构想、老沙里宁的"有机疏散论"、柯布提出的"光辉城市"构想、库哈斯提出的"树城"思想等等。

但过去建筑师主导城市规划的缺点是缺少复杂系统的观念，而更多依赖建筑师的经验和智慧。典型的如柯布的昌迪加尔、尼迈耶的巴西利亚，以及雅马萨基被政府而不是拉登炸掉的、获大奖的伊戈居住区，都是建筑师自我意识膨胀的产物。

不会设计城市，就不会设计好的建筑。看看现在的建筑的底层部分，有几个不是从形体关系和视觉造型出发，而是从塑造城市街道墙、公共空间体验的角度出发进行设计？建筑学科开设城市设计课程是非常必要的。

关于城市设计（非视觉风貌的，而是包括经济、社会、环境 SEE 整体的设计）归属，还要多说一句。2011 版的学科目录把城市设计放在建筑学科去发展，必将把城市设计推向死路。犹如当初的艺术设计与工业设计的分而又合，荒废了设计学科（实质应为"门类"）10 余年光阴。把城市设计从城市规划中分离出来是一个学科属性清晰化的过程；但放到建筑学科中，是一个错误，将导致城市设计的萎缩甚至消亡，因为它不是建筑的简单放大，而是要符合城市发展的复杂要求。城市设计应该以城乡规划和景观的思维来发展，至少目前应该参照国外经验，把城市设计放在景观、规划、建筑学科共同发展，它是三个学科的交集。

推荐雅各布斯的《美国大城市的死与生》，凯文·林奇的《总体设计》，亚历山大的《模式语言》，杨德昭的《社区的革命》。

5. 建筑与景观

建筑从景观中应该学习的是自然生态理念。

当代的环境危机主要是生态危机，突出体现为过速的城市化所导致的人与环境的矛盾危机，如天灾人祸引发的地表与地下水体污染、土壤污染、城市洪灾、干旱缺水、农业土地蚕食、能源危机、资源枯竭、生活方式变异、经济－社会－环境（SEE）畸形发展，等等。

生态学是一门普适性学科，关照的正是地球生物和环境演替规律与整体可持续发展问题，对全球生存具有重要战略意义。景观作为一级学科，比城市规划学科更早出现在哈佛教育体系中，是生态学的应用型学科，更多关注土地与生物生存问题，是解决环境危机的重要学科，也是这些年的发展热点。

景观学科解决的是国计民生的大问题，而不是人们所认为的——边边角角，种花种草。宾大景观大师麦克哈格所说："不要问我你家花园的事情，也不要问我你那区区花草或你那棵将要死去的树木……，我们（景观设计师）是要告诉你关于生存的问题，我们是来告诉你世界存在之道的，我们是来告诉你如何在自然面前明智地行动的。"

前两年，建筑学子们热议的建筑大师库哈斯，说了句不招待见的话，"建筑不再是城市秩序的首要元素，城市秩序逐渐地由薄薄的水平植物(景观)平面所界定，景观成为首要元素。"实际上，现在已经进入景观引导城乡发展的时代。库哈斯用拉维莱特公园、当斯维尔树城等项目展现了景观领导的城市革命实践；科纳则用深圳前海城市设计项目在中国人眼前做了教科书般的示范。

推荐麦克哈格的《设计结合自然》，瓦尔德海姆的《景观都市主义读本》，莫斯塔法维的《生态都市主义》，俞孔坚的《反规划》，西蒙兹的《景观设计学》，姜戎的《狼图腾》。

6. 建筑与设计思维

传统建筑学科倾向于工程思维处理简单系统问题，其内在架构是功能、技术、形式，其外在架构是建筑、结构、水、暖、电。思维过程以个人经验，辅助人工模型，即可完成。现在 BIM 技术，乃是很好补充。传统建筑教育关注的时间维度一般在 1～3 年，空间维度在建筑群体尺度，而不关注上位规划及其背后的时空依据。建筑视野明显过于局限。

传统建筑教育的理论基础主要是环境行为心理学、建筑技术、建筑美学，比起当代城乡规划、景观学的理论基础——生态学、地理学、经济学、社会学、文化学等，明显不足以理解和应付当代逐渐复杂的整体性规划设计要求。

城市规划用复杂系统思维，解决社会、经济、文化、交通、环境等问题，以政策、法规、导引等方式，对未来城市发展建设进行控制和指导。城乡规划的时间维度是 5～20 年，空间维度大至数百平方公里，影响因子众多，需要各专业团队协作，通过大量基础数据调研、分析，并进行数学建模，辅以仿真模拟，才可能完成。

当代景观是用复杂巨系统思维，整合自然生态系统和人文生态系统，使之协同可持续发展。

景观的时间维度是 10 ~ 100 年，空间维度大至国土和全球尺度。因而也是影响因子众多，需要遥感数据、GIS 分析、安全格局评价、生态基础设施建构等大量工作，具有效果延迟特点。

在学科融合的背景下，要求建筑学逐步走向复杂系统思维方式，走向理性灵感，而减少对人的主观依赖。

建筑学科一方面理性教育不够，另一方面，由于中国教育体系的整体病态，学生的创造力从小就被扼杀殆尽。因此，我们要恢复并重建创造力，培养理性灵感。功夫在诗外，推荐突破传统力学、生物学观念的《猫和老鼠》。

7. 建筑与美学

建筑与美学有不解之缘。但目前建筑美学教育的问题是，唯形式美法则，以及唯构成论。殊不知，传统形式美法则，只是艺术法则的 1/12，审美法则的 1/6，只是在表层体系发挥作用，而对于中层审美结构的虚实原理和深层审美结构的特征原理，根本未有触及。更未解决艺术中真与美的混同问题，导致审美创作既混乱，又缺乏深度。推荐拙作《景观美学》。

结语　当代建筑学的使命

建筑作为一级学科，应在国计民生层面有所担当。中国当代国计民生的重点，是城市、乡村面临严峻的生存环境压力问题。这就要求我们更多地从学科的宏观视野出发，从整体性规划视角来系统、综合地解决城乡内在环境生态、社会生态和人类基础生存机制问题，而不是局限在单一建筑元素的功能满足和形象塑造上。

建筑，和景观、城市规划一样，应如哈佛景观大师佐佐木英夫所言，"要么致力于人居环境的改善这一重要领域，要么就做些装点门面的皮毛琐事。" 当建筑师还在学科藩篱内孤芳自语，挣着出人头地的时候，是无法承担城乡发展重任的。（此处单指中国教育的产物。国际上的建筑师没有如此严苛的学科禁线，所以能恣意跨界，游刃有余。）

应该建立宏大的建筑观念，建筑学要关注环境生态问题，走向为众生服务的生态主义设计，为子孙后代保留一点生存的资源和空间环境，而不是超前消耗掉他们的钢材和森林。应该多研究实用低技术，乡土技术，节能技术，避免技术冗余、技术崇拜与技术炫富倾向。同时，建筑学还要跨越尺度障碍，走向城市设计，必须真正懂得设计城市的内在规律，才能设计出好的建筑和可持续的美好生活。

零散地想哪写哪，比严谨的数据型论文轻松多了。但认真想想，思考方向总比盲从努力重要得多。所以也就逆一下实证主义的大潮，写篇随笔性的小文，也许有用，但愿。

关于读书——自主的建筑观养成记

裘知（浙江大学建筑工程学院建筑设计与理论研究所，讲师）

如同每一位建筑人，笔者大学阶段对"代代相传"的建筑学书单也会奉若神明，并一丝不苟地将其传递给学弟学妹。十多年过去，作为一名高校工作者，看到如今的年轻学子手捧类似的建筑学书单，也饱含着"过目即忘"、"一口难以吃成一个胖子"等苦恼，面对着相比十年前更加海量的、更加精美的信息却无从下手的困惑，过于重视图像与实例、忽略文字与思想等现象，也会表现出对于城市文化的体察、全面建筑史观的培养、人文内涵的理解等方面不足的问题。笔者回顾自己的经历以及出国留学时的所见所感，深切认为，读书也好，网络搜集资料也好，甚至建筑调查也好，都是一种积累；其终极目的都是养成自主的建筑观，以及使自身具备实践该建筑观的成熟建筑素质。而为自主建筑观养成的读书法，也可简单概括为三点：一是跨领域地读书；二是自主搜集资料；三是多种积累方式，不局限于书本萃取。

首先，谈到跨领域读书，一般很容易理解到建筑设计、建筑历史和建筑技术等方向的跨学科学习。例如，做建筑设计，除了了解空间美学的基本构成原理和方法，同时还要具有将其建构起来的技术手段；做城市设计，除了了解图底构成方式、空间构成类型，更要了解一个城市独特的人文地理特性、历史文脉的溯源。这一点上，我们的建筑学教育的架构体系已经打下了较为完整和成熟的基础。可是作为社会科学的建筑学科，其属性并不像其他自然学科般单纯和有针对性，这是一门更加广泛、更加感性的学科，每一位优秀成熟的建筑人，都同时是妙笔生花的作家，或针砭时弊的社会运动者，他们大都具备丰富的知识面，更具备其自身的"思想"，而不是人云亦云或取悦大众的投机者。与其说他们在做硬邦邦的建筑，不如说他们在娓娓道来一段以建筑为主角的故事。很多事情难以一步登天，面对各领域书籍，笔者认为学生更应去思考建筑为何要设计成这个样子？也许通过对社会学、心理学等领域的涉足和了解，会有模糊的答案产生。如果笔者当年没有在懵懵状态下阅读《美国大城市的死与生》，也许对城市花团锦簇的表象依然有长时间的误解；不阅读《城记》，怎知老北京在新中国成立以来城市建设所经历的沟沟坎坎，如何做到前事不忘后事之师；不懂中国的户籍制度，总是难于抓住保障房制度推行不畅的根本；不懂宗教，也许永远难以理解建筑史发展过程中貌似荒诞不经之下的逻辑。因此，仅仅局限在建筑领域内的读书积累显然是不够的，我们培养的不只是具有纯熟技艺的"匠人"，我们培养的是会赋予城市和建筑以灵魂生命的创造者，因此，跨领域读书是一个宏观概念，其书单更应以建筑学为核心，包括社会学、经济学、人文地理、技术科学、心理学等等领域。

笔者认为，与其被动地读书，不如怀着问题主动去搜索信息，这种记忆和理解才是最深刻的。而当下信息时代中，如何投身于浩瀚的信息海洋，直奔所需，搜集有价值的信息也是一种能力。我国对于自主搜索资料的能力训练还处于滞后阶段，追其根本，并不是学生不了解要如何找到某一本书，要怎样运用 google，要如何去做调查做访谈，而是大多数学生不知道自己要查什么，要做什么。针对这个问题，笔者以所在单位的教学改革为例，说明其应对尝试。笔者所在建筑系于 2013 年春学期新开设了"建筑分析"课程，由包括笔者在内的四位专职教师和法国建筑大师安德鲁先生共同完成。该课程没有教材，没有书单，只有若干个干巴巴的建筑项目，一切交给学生。起初学生们一板一眼地查阅建筑项目相关资料，一丝不苟地临摹图纸，誊阅了来自网络或书籍的建筑评论家或媒体几乎所有的、褒贬不一的说法。被要求严格的索引后，有些学生不忍面对通篇的"索引"，终于鼓起脱掉"皇帝新装"的勇气，试着说，觉得书本上有些评论夸大其词。这种情况会立刻受到鼓励和支持，在教师和安德鲁先生的协助下，学生直接与项目设计事务所联系并取得一手资料。能和世界知名建筑师直接对话，无疑鼓励了学生，他们说得更多，有对精湛技术和细部的赞叹，有对充分人文关怀的敬重，也有对于建筑师盛名之下夸张形态表达有无必要的质疑，更多的则是对于日后自身建筑创作的思考。创作中的故事让他们感动，如在杭州英克隆生物研究中心案例中，学生有意识地自主与设计师取得联络并对其进行访谈，当了解到连普通村民居然都参与了墙体肌理和质感的塑造，使得他们对于人文关怀也有了最为直观的认识。

最后，笔者认为，作为创作类出身的建筑人，任何生活点滴都会成为刺激灵感的源泉。笔者强烈推崇从电影艺术中感知建筑，有些电影，如 dark city（1998）等，笔者甚至会一看再看，思维的跳跃只可意会不可言传。这一点也在一些建筑教育案例中得到证实：美国哥伦比亚大学建筑教育中，十年前就已经为建筑学科学生开了必看电影的"电影单"。虽然颇为脱离了读书的主题，但笔者认为在当前多元化发展趋势下，积累方式也应多元，以维持建筑思维的基本活跃度。

接触建筑学越深，就越体会到其复杂性：这是一个难以用单一学科进行阐释或推广的学科，各方需求多多，却均体现在一座貌似简单的建筑上。在将来，我们的学生有可能会成为建筑师，或地产开发人员，或建筑学者，或工程师，以及极少数从事与建筑业完全不相干的职业，时代需要他们具有统筹大局的高瞻远瞩，也需要他们具有精雕细刻的纯熟技艺，既要他们理智地看待城市与建筑的发展，应势而为，也需要他们随时迸发创作的火花，感性地创造美。虽然他们会走上不同的职场之路，但五年的建筑学启蒙教育中，我们能带给学生什么，是一个值得思考的问题。笔者抛砖引玉，谨希望在建筑教育道路上能够摸索到更恰当更有效率的做法。

只为心中的平和读书

何莹莹（广州市规划局，中山大学城市规划专业毕业，中山大学行政管理MPA，在职研究生）

毕业不过短短四年时间，每天忙忙碌碌回到家，累得只想趴下。看着床头放的那本《落脚城市》，已经连着五天没有碰过了，心中一紧。

曾记得在清恬的晨光中，读《中庸》，明示警醒；在开朗的上午，读《呐喊》，澎湃激昂；在慵懒的午后，读《围城》，风趣机智；在安详的傍晚，读《傲慢与偏见》，憧憬向往；在静谧的月夜，读《悲惨世界》，荡气回肠。

读书是要和时光搭配的，小学时在色彩斑斓的童话里善良美好，在诙谐轻松的漫画中活泼开心；中学时在科幻小说中天马行空，在武侠世界里刀光剑影；大学时在专业读物中汲取养分，在名家名作里酣畅淋漓。

然而，离开校园后，我却离那个精彩的世界越来越远。

许久的不读书，最大的感觉，是心慌。

我并不是遇到问题会去书上找答案的人，我对书的依恋，本不应该那么强。

只是，在这个物欲横流、缺乏信仰的时代，无语批判和无力反驳的人如我，只能静静的独善其身。而不读书，别说坚定，会连杂音都分辨不出来。

现代人的时间是零碎的，等公车的空档，坐地铁的小闲，排队的间隙，这一点一点可以拼凑的时间里，有微博有微信有"圈圈"，我们以为看着转发的大篇哲理生活启示人生教诲，就能弥补不读书的遗憾？短篇的暂时触动，与长部的久远铭心，是绝对无法比拟的。

每一天，局限于几点一线的轨迹，看不到真实的外面，会以为自己经历的便是世界的全部。接受了所有不应该的应该，承认了所有不正确的正确，扮演了所有不安分的安分。在工作中迷失，在生活中麻木，停止思考是最大的悲哀。

可惜的是，现在的书，让人不知道从何读起。书城里的畅销架上，不是选择困难，而是无法选择。我承认食谱能减少烹饪弯路，试题参考能速成考霸，但我却实在不认为介绍成功能指引捷径，灌输励志能传播正能量。读到心里去的书，才算是真正的书。

即便选到沉甸甸的经典，却还是让人有太多不捧起来的理由。工作太忙时间太少，琐事分心无法安静，急功近利囫囵吞枣，借口拈来得太容易，把自己都欺骗了。

有一句话说"读书或者旅行，身体和灵魂，总要有一个在路上"，我也尝试用旅行来代替读书，却发现，旅行的愉悦，在于看到不一样的风景，是简洁的感官的美妙；而读书的愉悦，却在于投入书中描述的另一个世界，发现一个不一样的自己，是深层的心灵的动容。没有读书的失落感，远远不是旅行能掩饰的。

于是，没有犹豫的余地，享受读书的乐趣，领悟书中的真理，从容而淡定。

庆幸仍有想要读书的愿望，珍惜仍有走向图书馆的动力，感激仍能通过书籍平和的心。

先读书再审美

刘诗芸（哈尔滨工业大学建筑学院，硕士生）

作为一名建筑系的学生，我从刚入学的第一天起，就被教导图示语言是建筑师思想表达的指定语言。面对各类杂志、竞赛里时髦的效果图、分析图，我总是惊讶于设计者的创造能力，并试图去模仿。时间久了，难免养成了用单纯的审美眼光去评价建筑的习惯。比如提到密斯，我首先想到的是西格拉姆大厦、范斯沃斯住宅，以及它们拥有的符合理性逻辑的审美倾向。直到有一天，我读到密斯的一句话："任何结构都应具有整体性。我所说的结构，是哲学上的结构。"我这才发现，之前所认识的密斯仅仅是一个被只言片语和作品图片抽象出来的影子，而被我忽略的可能是他作为哲学家的这一身份。

英国哲学家罗素在《悠闲颂》里，把人类忧虑未来的时间被称作"悠闲时间"，并认为人类的文明程度与悠闲时间的多少成正比。因此，他提倡提高工作效率来获取更多的悠闲时间。密斯是罗素的哲学观在建筑领域的实践者。他提出了"少就是多"。简化的结构体系，精简的结构构件，大大缩短了建筑工期，密斯试图为人类争取更多的悠闲时间，推进人类社会的文明。而到了当代，我们却只愿意从美学的角度对密斯的作品加以评析。

这让我意识到自己先前对建筑存在的误读。大师们从哲学的角度看问题，我们偏只要从美学的角度看作品。大师们用自己的建筑观创造建筑形式，我们却一边选取他们的建筑形式，一边暴露自己建筑语汇的匮乏。我意识到，一味地模仿大师或是讨好消费者的作品只是空皮囊，经不起时间的打磨，只有建立在一定理论基础上的，注入设计者建筑观的作品才能具有生命力。这样，我的两个问题就产生了：怎样才能读懂建筑大师的建筑观？怎样形成自己的建筑观？我想，一定还有许多建筑系的学生跟我有同样的困扰。

文学家杨绛在回读者来信时说过这样一句话："你的问题主要在于读书不多而想得太多"。我觉得这正是我们建筑系学生学习生活的真实写照。对于我们来说，对建筑的了解大多来源于作品集里直观的图片，而非文章中的文字，这与我们的建筑教育重图示语言，轻文字语言有关。所以此时，读书是我们急需养成的良好习惯。

其实不难发现，在中国，越来越多的建筑师更愿意称自己是文人了，像王澍，刘家琨，董豫赣。他们读文章，写文章，通过文字表达自己对建筑看法或是解读自己的建筑作品。比如王澍，在他的文字里我们能读到中国文人敏锐的洞察力。在他的《时间停滞的城市》这篇文章中，他对"中国百科全书"——《天朝仁学广临》里记录的动物分类法进行研究，并称使用这样的分类才"更像一个地道的中国人"，从而得出符合中国人的"混乱"的思维逻辑。因此，在他的建筑作品里，起源于西方的焦点透视法则并不被重视，而符合中国古典园林创作特色的散点透视法被广泛采用。那种步移景异、柳暗花明的情境，恐怕用再好的相机也很难找到一个能完美诠释的角度。这样看，建筑美不美的问题变得不再重要了。读王澍的文章而非仅看图片，才是了解他作品的关键点。所以说，阅读建筑大师的亲笔文章，走出图片审美、他人转译的误区，是有助于我们了解建筑大师的建筑观的。

另外值得注意的是，我们不能只局限于读建筑类的书籍。孔子在《书论》中道："取法其上，得其中也；取法其中，得其下也，取法其下，不是道也。"这道理很明显。许多建筑大师也都将自己的目光瞄向其他领域，从中汲取灵感。虽然不同的建筑师有着不同的兴趣爱好，但仍可以发现一些规律：欧洲的建筑师喜欢那些走在时代前沿的学科，比如库哈斯就研究起了装置发明，而中国建筑师则更愿意把精力集中在中国古典文学典籍上，细品之。但不管怎样，这些都不失为训练思维、扩大知识面的方法，值得我们学习，也有助于形成我们自己的建筑观。

总之，读书是我们突破现今设计瓶颈的重要方法之一。作为建筑系的学生，先读书，再审美，才能不被建筑华丽的外表所迷惑；先读书，再创作，才能使作品具有长盛不衰的生命力。

勘　误

《中国建筑教育》总第5册目录页"教学笔记"栏目中，因编辑工作疏忽，误将《接近真实——模型作为设计操作工具研究》一文的第二作者"李晓光"写为"李晓兰"，在此谨向李晓光老师致以诚挚的歉意！

《中国建筑教育》编辑部　二零一三年九月

喜读《建筑第一课——建筑学新生专业入门指南》

单德启

袁牧博士曾和我有过一段"教学相长"的师生之谊；在清华园朝夕相处中，我对他突出的印象是：他能够主动地、生动活泼地而又持之以恒地学习。现在他将自己的经验和体会——除了自己的大学学习，自然也融合了他就读时团队的学习，以及他担任博士生助教的教学经验——整理出来，奉献给刚刚走入建筑学专业殿堂学习的莘莘学子，以使后来者少走弯路。无论如何，这是非常好的一件事。

在学校里学习，显然要读书。高尔基说："书籍是人类进步的阶梯。"中国的先哲也有"开卷有益"之说，然而读什么书，怎么读书，实践起来又免不了茫然。袁牧撰写的《建筑第一课——建筑学新生专业入门指南》（以下简称《指南》），从心理准备、基础知识，一直到专业路线，相当完整地为初入门的建筑学学子们提供了一个非常丰富而又可行的参照。指南，指南，我需要在这里提醒读者的是：既不能把这本书仅仅看作是工具书，也不能把它当作规范。《指南》里沁透着"入门"的理念和精神，有一些文字值得读者玩味。例如，作者写道："特别是要注意，人生必然随时代而发展，不要给别人或自己随意贴上固定的标签，而是保持开放和实事求是的态度，持续而稳定地进化自己。把握立场和方法并不是这个时代的新问题，但在这个信息爆炸，诱惑和机会都特别多的时代，这个问题尤其显得重要。"

把书本上先贤先哲们的知识变成自己的理念、眼界、修养乃至技巧，总要经过一段思索、实践和验证的过程，如同每天进食，它们变成你的能量和机能之前，首先要转化成各种易于消化吸取的"酶"。故而"食古不化"不行，"食今不化"也不行，"囫囵吞枣"不行，"穿肠而过"更不行。这一点，在学校学习过程中的许多环节，如实习、实验、调查、毕业设计，包括业余"打工"挣钱，仅仅只能说是让你知道"入门"，顶多只知道"门"在哪里，这真正的"门"是什么，是否被"师父领进门"了，还很难说。真正"入门"，还是在毕业后的实际工作中。诚如作者一再强调的，"建筑学终究是一门实践学科，亲历亲为的实践至关重要。"

《指南》这本书，像是和读者娓娓谈心，读起来亲切、实在，无故弄玄虚、哗众取宠的时弊，体现了作者的严肃和真诚。作者在"前言"中还写了一段"负责和免责声明"，实际上也就是我们熟知的一句话"尽信书不如无书"。对待任何文章，即使是经典之作，也应当抱着"站在书上读书"的态度。

作为《指南》这本书最早的读者之一，也作为与袁牧博士有过"教学相长"的"老"朋友，说了以上一些话，借机和各位读者交流。

作者：单德启，清华大学建筑学院　教授

《建筑第一课——建筑学新生专业入门指南》网站读者评论

1. 建筑学新生专业入门指南

教参，实用性强。值得购买。是一本关于"建筑学的绝世武功秘笈"的目录。建筑学是一门古老而庞杂的学科，其博大精深时常让初学者倍感困惑。作为一本写给建筑学新生的入门指南，作者袁牧通过自己十多年的学习、实践和思考，力图以简单直接的方式描绘建筑学的知识技能体系框架，概括建筑学的基本学习方法和路线，在浩如烟海的建筑知识体系中筛选出合适新手的起步区，并推荐了最基本的阅读书目。《建筑第一课：建筑学新生专业入门指南》适用于建筑学本科一～三年级同学参考，主要侧重建筑学基础知识和建筑设计实践技能，有助于初学者从宏观上理解建筑学，从而解决常见困惑，更顺利地迈入建筑学的知识殿堂。

——评论来自京东商城用户朱大王

2. 小、薄，行业入门目录

本书内容简介里面有一句话对本书概括得很精辟："这是一本关于'建筑学的绝世武功秘笈'的目录的目录"。书籍到手，约莫半张A4的大小，短短百来页，却以作者自己的角度讲入门建筑行业所需知道的各种心理、知识、实践等各层次内容娓娓道来，并且列举了很多有益的书籍——这是本书的一大意义之一，遵照本书的提示去阅读相应书籍，想必会有很大的提升——虽然这个阅读量并不低。所以说，这是一个书籍目录的目录，有了这本书的指导，比自己盲目购书阅读好多了。

——评论来自京东商城用户 leki35

3. 很不错的一本小书

书的前言中说，这本书时候建筑学专业一至三年级的学生阅读，可实际上，我作为已经工作了四年的建筑学毕业生，阅读这本书仍然让我很受益——当然越早阅读，受益越大

——评论来自当当网用户惶恐伶仃

4. 新生的入学必备

拿到一个提前批的大学的建筑学的录取通知书后一直在找一本可以让我全面的了解建筑学的书，这本就是！而且会帮你树立一个很好的人生规划～～一生受益！

——评论来自当当网用户无昵称用户

5. 看晚了

拿到这本书的时候觉得，这么个小不点，能有些什么啊；看完以后觉得，看晚了！应该在入学的时候就看，而不是现在要毕业了才看！那样的话绝对对这五年大有帮助！——真心推荐大一建筑类新生看下，绝对受益无穷！

——评论来自当当网用户 O 孚若 O

建筑·《设计的开始》

李鸽

距 2012 年王澍给中国建筑界注入的一针强心剂已经过去一年多了，效力过后是苏醒还是沉睡的建筑界还挺耐人寻味。这一年多来，清华大学建筑学院教授、两院院士吴良镛先生获得我国国家最高科学技术奖；南方都市报在深圳主办的"向公民建筑颁奖典礼"声势浩大；国家美术馆的方案评选也因外界的种种传闻和揣测而备受关注，中国十几位优秀的中青年建筑师以群体形象登上了《外滩画报》的封面……一拨又一拨的新闻和消息使得围绕王澍获得普利兹克建筑奖的种种争论似乎渐渐被淹没，但是建筑界真的就把它当作一个事件过去了吗？似乎没有！

在与一些建筑师们的交流中有些很有趣的现象。55 岁以上的建筑从业者们大部分对于王澍获奖感到非常兴奋。他们正是我国处于困顿和迷茫中的一代建筑师，他们在创作中表现出来的孱弱和无奈全部都写进了城市的大街小巷。而王澍在建筑创作中不懈的追求和孤独的坚守，是他们想做而未能尝试的。他们认为，对于当下国内的建筑界来说，这的确是一个涤荡整个学界的福音，值得庆祝。然而在 35～55 岁之间的中青年建筑师们看来，王澍获奖的理由在于一种探索而并非有普适和推广意义，不能让每个建筑师都把废旧的砖瓦囤起来盖房子，那不现实，也很可怕。但是王澍作品中表现出的我国意蕴悠远的传统文化和现代城市完美对接的可能，同时也让大众认识到文化与思想在建筑作品美学表述中的重要作用，在这一点上是具有积极意义的。对于 35 岁以内的建筑行业新生力量来说，王澍的获奖更像是拯救中国建筑界的英雄，一些人自发组织去参观和领略他作品的风采，像朝圣般虔诚的膜拜。

王澍的建筑作品不多，在国内出版的东西就更少了。他在十年前——2002 年出版的《设

计的开始》是唯一一本他自己著写的关于建筑设计理念和心得的出版物。在这本书中他其实并未写出什么成系统的长篇大论，而是细腻地描述着一个项目接着一个项目的创作过程和研究心得，虽然笔墨不多，但是思考的内容却极富深度。中国传统文化的烙印和西方存在主义哲学在他头脑中的碰撞足见一斑。书中的文字足以反映出他在那个阶段已经走出建筑师最初所面临的困惑和迷茫，理念很清晰，指导思想很明确，既能掌控创作成果的走向，也能把握住建筑作品的细枝末节。

他像一位从中国古代穿越至今的文人，用古代匠人的工艺来展现内心裹挟的那种追求隐逸安适的情怀。为画家朋友设计个 60m² 的工作室能花费半年时间，两次去现场踏勘，交两张线条图和六句箴言；在自己小小的蜗居中还要造个园林，当一回当代的"李渔"。自己兴奋地熬了一夜，设计出八件套的木灯具，看傻了木匠；给画家设计出带体温的画廊；自己做夯土实验；为图书馆设计时空画面……专业建筑师不干的事他都愿意试试，不计时间，不计成本，只为"好玩"。

与当下的国内其他建筑师相比，他是清贫的，他也是清高的。他不以建筑设计为生，不以追求经济回报为目标，没想过"著名"与"不著名"，他就想造他想要的房子，就这么简单。跟国外的建筑大师相比，他虽然痴迷于存在主义哲学，但不钟情于抽象到不靠谱的建筑理念；他对那些先进的建筑材料不那么热衷，不想以此哗众取宠、惊世骇俗，只想展示他脑海中的中国传统文化，他想用自己的作品打动麻木了的中国人，这就是王澍——非主流的"业余建筑师"。

在笔者看来，王澍的获奖对于中国当代建筑师来说是一个起点。虽然不是众口一词的完美，但是它启动了一个进程——中国的建筑师开始用现代文明的通行理念和思想来审视本民族文化和传统在建筑创作中的延续问题。王澍正是在这方面的有益尝试才获得了普利兹克奖评审委员会的赏识。以此为起点，如果有更多的建筑师们能够像王澍和日本近代现代建筑师们一样尝试吸收和融合，走向成熟和自信，那我们建筑设计水平的提升就指日可待了。

作者：李鸽，哈尔滨工业大学建筑学，博士，中国建筑工业出版社编辑

《全国高校建筑学与环境艺术设计专业美术系列教材》导读

全国高等学校建筑学专业指导委员会建筑美术教学工作委员会

为推动建筑学与环境艺术专业美术教学的发展，全国高等学校建筑学专业指导委员会建筑美术教学工作委员会、中国建筑学会建筑师分会建筑美术专业委员会经过长时间的组织策划，于 2012 年 4 月启动了《全国高校建筑学与环境艺术设计专业美术系列教材》的建设，力求出版一套艺术性与专业性更具指导意义的教材。本系列教材包括 9 个分册：《素描基础》、《速写基础》、《色彩基础》、《水彩基础》、《水粉基础》、《建筑摄影》、《钢笔画表现技法》、《建筑画表现技法》、《马克笔表现技法》，将在近期陆续出版。

美术基础对于一个未来的建筑师、艺术家、设计师而言，能够有效地帮助我们积累认识生活和表现形象的技术能力，帮助我们创造性地、灵活地运用各种形象来表达设计构想、绘画作品和艺术观念，这正是我们美术教学的意义与目的所在。

天津大学建筑学院彭一刚院士说过一段话："手绘基础十分重要，计算机作为设计工具已是一个建筑师不可或缺的手段，可计算机画的线是硬线，但设计构思往往从模糊开始，这样一个创作过程，手绘表现的必要就显现出来。"建筑学和环境艺术专业教育的对象是未来的建筑师、室内设计师和景观设计师等这样一群设计使用空间的人。那么，这群人在创造自

己的设计作品时，首先要准确地表达出空间形象，才能传达出自己设计的空间形式，即便在电脑设计手段极发达的今天，美术基础和手绘综合表现能力有时仍是成败的关键。如果有良好的美术基础，设计师就可以用线条快速勾勒出创新思维与概念，画出令人信服的设计概念草图，淋漓尽致地表达出自己的设计作品。

本系列教材的编写者，都是具有多年教学经验的老师。各位作者研究了几年来我国各院校建筑美术教学的现状，调查了目前各校的教学与教改状况。在编写过程中，参加编写的教师能够结合教学的规律和实践，结合本专业的特点和使用习惯来编写教材。在图例选用上尽量贴近专业应用和课堂教学实际，除采用大师作品外，还选用了部分院校一线教师的素描作品以及较优秀的学生作业。本教材按照建筑美术学习的顺序，最大限度地把所要学习的内容包含在内，但绝不是说在学习过程中必须按照教材全部内容和顺序来进行，因各校教学目标、专业要求以及课时安排等等的不同，教师和学生可根据实际需求选择采用。相信该系列教材的出版，可以满足当前美术教学的需求，并推动全国高等学校建筑学与环境艺术专业美术教学的发展。同时，本系列教材也会随着美术教学的改革和实践，与时俱进，不断更新、完善和出版新的版本。

本书编写过程中得到了很多院校同仁的鼎力相助，在此要感谢清华大学建筑学院、清华大学美术学院、东南大学、同济大学、天津大学、中央美术学院、湖南大学、四川大学、上海大学、广州大学、长安大学、哈尔滨工业大学、华中科技大学、西南交通大学、郑州大学、西安美术学院、内蒙古工业大学、南京工业大学、吉林艺术学院、苏州科技学院、山东艺术学院等二十多所院校的三十多名老师的积极参与，同时还要特别感谢各校老师和学生提供的范画与优秀作品。

让我们共同努力，不断提高建筑学与环境艺术专业的美术教学水平，促进我国的建筑与环境艺术设计水平在美术教育的支撑下不断登上新的高度。

全国高等学校建筑学学科专业指导委员会建筑美术教学工作委员会推荐教材
中国建筑学会建筑师分会建筑美术专业委员会推荐教材
全国高校建筑学与环境艺术设计专业美术系列教材

素描基础

靳超 主编

出版时间：2013 年 5 月　开本：16 开　页数：162　定价：39.00 元

标准书号：ISBN 978-7-112-15310-7　征订号：23375

【内容简介】素描当下依然是各类造型艺术学科不可缺少的重要基础课程，素描是认识生活、认识自然的重要而有趣的手段，并能创造性地表现生活、表现自然，使之升华为艺术形式。本教材主要关注建筑与艺术设计专业的学习特点，以及基础性的要素和方法，除讲解传统素描基础知识外，并用一定篇幅阐述了建筑、自然形态、线描以及创意设计素描等内容的基本练习方法，内容包括素描概述，素描写生造型基础，石膏几何体、宝瓶、柱头写生，素描静物写生，石膏人像写生，人物肖像写生，建筑风景素描写生，创意设计素描等。

全国高等学校建筑学学科专业指导委员会建筑美术教学工作委员会推荐教材
中国建筑学会建筑师分会建筑美术专业委员会推荐教材
全国高校建筑学与环境艺术设计专业美术系列教材

速写基础

华炜 主编

出版时间：2013 年 5 月　开本：16 开　页数：74　定价：36.00 元

标准书号：ISBN 978-7-112-14966-7　征订号：23034

【内容简介】建筑学科涵盖建筑学、城市规划、景观学、环艺设计、数码设计等领域，建筑类设计师用速写画建筑、室内、景观，与画家以此为题材作画的目标是大相径庭的，设计师画速写，有一种记录、构思、快速表现设计的意图在里面。这是一本极具建筑类特色而非纯艺术类的专业基础教材，既全面、细致地介绍速写基础理论，又充分梳理、强化速写基础教学的实践性训练环节。

全国高等学校建筑学学科专业指导委员会建筑美术教学工作委员会推荐教材
中国建筑学会建筑师分会建筑美术专业委员会推荐教材
全国高校建筑学与环境艺术设计专业美术系列教材

色彩基础

董雅等 著

出版时间：2013 年 10 月　开本：16 开　估价：39.00 元

标准书号：ISBN 978-7-112-15868-3　征订号：24624

【内容简介】本书系统地介绍了色彩基础知识，包括色彩名词术语，写生色彩变化的一般规律，色彩空间表现的一般规律，色彩心理，从绘画色彩到抽象色彩，色彩设计应用，从绘画色彩至设计色彩案例分析等内容，同时为了帮助读者更好的理解和使用，本书随文配置了大量的图片，以供学习和借鉴。

全国高等学校建筑学学科专业指导委员会建筑美术教学工作委员会推荐教材
中国建筑学会建筑师分会建筑美术专业委员会推荐教材
全国高校建筑学与环境艺术设计专业美术系列教材

水粉画基础

赵军等　著

出版时间：2013 年 5 月　开本：16 开　页数：91　定价：39.00 元

标准书号：ISBN 978-7-112-15306-0　征订号：23400

【内容简介】水粉画作为色彩学习的基础画种，设置于我国各高等院校相关艺术与设计专业，本教材全面地介绍了水粉教学的类型与内容，包括水粉画概述、色彩的观察与认知、色彩的运用、静物写生技法、风景写生技法和作品赏析六个部分。

全国高等学校建筑学学科专业指导委员会建筑美术教学工作委员会推荐教材
中国建筑学会建筑师分会建筑美术专业委员会推荐教材
全国高校建筑学与环境艺术设计专业美术系列教材

建筑摄影

邬春生　著

出版时间：2013 年 5 月　开本：16 开　页数：116　定价：49.00 元

标准书号：ISBN 978-7-112-15308-4　征订号：23389

【内容简介】本书系统地介绍建筑摄影的相关技术知识和拍摄技法，同时将摄影艺术表现技法的讲解与建筑艺术形式美的视觉要素相结合，力求使读者能够在全面了解相关摄影器材的性能并能对其进行有效操作的基础上，掌握建筑摄影的相关技术及拍摄技法，培养具有审美能力的专业建筑摄影眼光，并在内容与形式的表达上具有创造性，能够拍摄出既符合相应的使用功能，同时在视觉上更具美感和吸引力的摄影作品。为了帮助读者更好的理解和使用，本书随文配置了大量的图片，以供学习和借鉴。

全国高等学校建筑学学科专业指导委员会建筑美术教学工作委员会推荐教材
中国建筑学会建筑师分会建筑美术专业委员会推荐教材
全国高校建筑学与环境艺术设计专业美术系列教材

马克笔表现技法

杨健　编著

出版时间：2013 年 5 月　开本：16 开　页数：100　定价：49.00 元

标准书号：ISBN 978-7-112-15393-0　征订号：23423

【内容简介】马克笔手绘作为设计专业的一种表现形式，现在越来越受到重视，特别是高校设计类专业的学生都要求学习和掌握设计手绘，因而各地也开设有专门的手绘课程，设计手绘也慢慢地形成了一套专门的教学模式。本教材针对马克笔表现技法，主要阐述了包括马克笔工具和运用、马克笔基础练习、透视训练、概括构图训练、快速草图训练、临摹图片训练、快速设计训练等方面的内容。

全国高等学校建筑学学科专业指导委员会建筑美术教学工作委员会推荐教材
中国建筑学会建筑师分会建筑美术专业委员会推荐教材
全国高校建筑学与环境艺术设计专业美术系列教材

钢笔画表现技法

陈新生等　编著

出版时间：2013 年 5 月　开本：16 开　页数：120　定价：39.00 元

标准书号：ISBN 978-7-112-15392-3 征订号：23466

【内容简介】钢笔手绘表现对于设计师是很实用也很重要的。钢笔手绘有助于设计师研究推敲设计方案，是展示和交流设计方案的主要手段，同时也是一种表达自己设计构想的重要语言。本教材内容包括钢笔画表现基础训练、立体形态构成训练、钢笔画平立面表现、画面构图与表现步骤、画面配景与气氛表现、画面明暗与光影表现、美术实习写生采风、作品赏析等方面。

高校建筑学专业指导委员会规划推荐教材　普通高等教育土建学科专业"十二五"规划教材

建筑设备（第二版）

西安建筑科技大学 李祥平 闫增峰 吴小虎 主编

出版时间：2013 年 1 月　开本：16 开　页数：391　定价：49.00 元

标准书号：ISBN 978-7-112-14572-0　征订号：22618

【内容简介】本书以系统的共性和承启关系为主线，重点介绍建筑设备各个方面的内容。全书共分为5篇，作为与建筑物理课程的衔接，第1篇简要介绍建筑声、光、热环境控制方法，第2～4篇重点介绍建筑内给排水、暖通空调和建筑电气各系统的基本知识，第5篇以绿色建筑为主体，介绍与建筑设备知识相关的节水、节能及环境保护等方面的方法。书中突出系统的概念，强调与建筑设计密切相关的部分，通过对相关专业具体实例的设计成果展示，引入各专业最基本的内容及最新的规范、指标和新技术、新材料。

A+U高校建筑学与城市规划专业教材　普通高等教育土建学科专业"十二五"规划教材

建筑美学（第二版）

同济大学 沈福煦 编著

出版时间：2013 年 1 月　开本：16 开　页数：236　定价：32.00 元

标准书号：ISBN 978-7-112-14701-4　征订号：22738

【内容简介】本书是建筑学和其他相关专业（如城市规划、室内设计、风景园林等）的建筑美学课的教材。当今，许多高等学校相继开设建筑美学课（选修课），甚至被认为有必要成为一门必修课，安排在建筑历史与理论课程体系中。在这些年的教学中，本书第一版得到许多好评。在当今的社会现实中，对建筑的审美提出了更高的要求。对于建筑，"实用、坚固、经济"三要素显得越来越不够了。近年来，居住建筑被大量建设，在建筑形式美方面的要求也更为突出，同时人们本身的审美能力以及对建筑美的所谓"眼力"不断提高，我们为此做了很多努力，最终让本书内容更为充实丰富，以满足读者需求。

公共建筑设计原理

刘云月 编著

出版时间：2013 年 8 月　开本：16 开　页数：284　定价：49 元

标准书号：ISBN 978-7-112-14953-7　征订号：23040

【内容简介】本书是一本实用、具体、系统也具时代信息的专业教材。作者长期从事本科生建筑设计一线教学，最大的感触是，建筑设计过程中一些现在看来属于"浅显易懂"的领域，反倒给学生们出了难题，建筑创作实践领域中的成果与建筑教学过程规范化之间亟待整合。为了写出一本简明而又使学生感到亲切的教材，本书在编写过程中，遵循从常识想法到专业思维的叙述路径。在内容上，一方面对传统教材中的基本内容诸如功能问题、空间问题和形式美学等进行筛选和吸纳，另一方面，又尝试性地综合了建筑史观、艺术心理学、现代经济学的经典学说，以及视觉传达理论和当代建筑构图与造型的一些典型方法和理论。同时，考虑到学生阅读和理解上的特点，本书对上述内容的结构进行了精心编排。

高校建筑学专业规划推荐教材

建筑力学与结构选型

重庆大学　陈朝晖　编著

出版时间：2012 年 8 月　开本：16 开　页数：228　定价：32.00 元（附网络下载）

标准书号：ISBN 978-7-112-14497-6　征订号：22567

【内容简介】《建筑力学与结构选型》涵盖了土建专业"建筑力学"和"建筑结构选型"两门课程的主要内容。全书共分11章，主要包括静力学基础知识、平面杆件体系的几何组成分析、静定结构和超静定结构的静力分析、杆件的应力与强度、杆系结构的变形、位移与刚度、压杆稳定性、建筑结构设计基本原理以及结构选型原理及案例分析等。本书主要面向建筑学专业本科教学，也适于工程管理、建筑材料工程等大土木专业类的本科教学，还可作为土木工程专业专科建筑力学及从事土建类工程的技术人员的参考书。

A+U高校建筑学与城市规划专业教材

高层公共建筑设计——建筑学专业设计院实习教程

卜德清　张劭　编著

出版时间：2013 年 8 月　开本：16 开　页数：268　估价：39 元

标准书号：ISBN 978-7-112-14946-9　征订号：24127

【内容简介】对于高等院校建筑学专业而言，高层建筑设计是大学本科教育设计课程中重要的选题之一。本书尽可能全面、系统地介绍了高层建筑设计所涉及的各项基础专业知识，内容编排符合设计课程的教学要求，适用于设计课程教学。内容包括高层建筑与城市环境的关系、高层建筑场地设计、高层建筑设计基本原理、高层建筑设计防火规范、高层宾馆设计原理、高层建筑结构设计原理、高层建筑设备设计与建筑设计、高层建筑人民防空设计要求等。

Autodesk 官方标准教程系列 建筑数字技术系列教材
普通高等教育土建学科专业"十二五"规划教材

BIM 建筑设计实例

大连理工大学 王津红 华南理工大学 王朔 主编

出版时间：2013 年 1 月 开本：16 开 页数：288 定价：39.00 元

标准书号：ISBN 978-7-112-14889-9 征订号：22926

【内容简介】本书以BIM（建筑信息模型）思想为核心，详细的阐述选择应用Revit Building软件进行建筑设计的过程。本书共分4个章节，内容包括建筑信息模型及Revit Building介绍、别墅设计、景区旅馆设计、高层办公楼设计。别墅设计、景区旅馆设计、高层办公楼设计均取材于某几个高校的学生设计课程任务书。本书通过对此三个不同类型、不同规模的建筑设计过程进行详尽的讲解，旨在为建筑设计人员找到一条应用BIM进行建筑设计的途径。

本书可作为高校建筑类各专业的教学用书，以及ATC培训中心高级课程培训教材，也可作为工程技术人员的自学用书。

建筑数字技术系列教材 普通高等教育土建学科专业"十二五"规划教材

3ds Max 建筑表现教程（第二版）（含光盘）

重庆大学 王景阳 等编著

出版时间：2013 年 8 月 开本：16 开 页数：298 定价：49.00 元

标准书号：ISBN 978-7-112-15379-4 征订号：23445

【内容简介】运用计算机进行建筑渲染和动画是建筑设计辅助与建筑表现的又一主要表现手段。本书在2006年第一版的基础上，作了较大的修改。本书由浅入深、循序渐进地对计算机建筑渲染表现和动画的基本方法和原理进行了系统的分析和讲解。全书以计算机渲染表现和动画制作的工作流程为主线，按照概述、模型、材质、渲染和动画5个部分进行阐述。本书的重点不在于对软件的具体使用方法和制作步骤进行详细讲解，而是尽量从相关的基本原理和概念出发，探讨和总结了很多涉及建筑领域的计算机表现技巧、经验和解决方案。

本书技术性、实用性较强，可作为高校建筑、规划、室内设计等相关专业的教材，以及ATC培训中心高级课程培训教材，也可以作为建筑设计、室内设计和美术设计人员的自学参考教材。

绿色建筑设计策略

浙江工业大学 刘抚英 著

出版时间：2013 年 1 月 开本：16 开 页数：320 定价：69.00 元

标准书号：ISBN 978-7-112-14629-1 征订号：22693

【内容简介】本书从系统角度探索了绿色建筑设计策略。在认知绿色建筑内涵和梳理绿色建筑主要发展方向的基础上，研究了绿色建筑外环境系统、能源系统、室内环境调控系统、材料系统、水系统等绿色建筑各构成系统的设计对策及其相关技术，提出了绿色建筑系统设计方法，并选取国内外典型案例进行了分析。本书图文并茂，理论研究与实践相结合，可以作为大专院校建筑学、城市规划相关专业的教师、研究人员、学生等研究和学习绿色建筑设计的参考书，也可以作为设计院、政府管理部门、房地产开发机构、策划咨询机构、施工企业等相关专业人员进行绿色建筑实施管理、设计、研发和建设的参考资料。

LEED GA/LEED AP 备考指南

黄俊鹏　编著

出版时间：2013 年 3 月　开本：16 开　页数：167　定价：39.00 元

标准书号：ISBN 978-7-112-15161-5　征订号：23171

【内容简介】本书系统介绍了目前在国际上最为流行的绿色建筑评价体系LEED，LEED绿色助理（LEED Green Associate，简称为"LEED认证助理"），以及LEED认证专业人士（LEED Accredited Professional，简称为"LEED认证专家"）资质的获取途径。本书是作者多年来从事LEED认证项目咨询、LEED AP考试培训以及绿色建筑设计咨询工作的经验总结，对相关知识的介绍深入浅出、全面周到。本书适合建筑师、管理人员、开发商、工程师、监理公司、学生以及其他工程建设行业的专业人士自学备考LEED AP，也可作为LEED AP培训的专业教材。由于本书提供了大量实际LEED认证工程咨询中的技巧和关键步骤，故本书也可作为LEED认证顾问的参考书籍。

全国高校风景园林（景观学）专业规划推荐教材
普通高等教育土建学科专业"十一五"规划教材

园林植物学

董丽　包志毅　主编

出版时间：2013 年 8 月　开本：16 开本　页数：410　定价：52.00 元

标准书号：ISBN 978-7-112- 14449-5　征订号：22541

【内容简介】《园林植物学》是风景园林学的专业基础课和核心课程，其主旨在于通过本课程的教学，使学生掌握风景园林设计中常用的园林植物材料的主要生物学生态习性，以便在设计中能够自如、正确地运用这些植物材料。

本教材将结合风景园林等专业的特点，将园林植物的草木本结合，按照植物的观赏特点和在景观设计中的用途进行内容的编排，使学生从植物景观设计的科学性、艺术性和实用性方面去掌握和积累植物素材，将对完善风景园林专业的知识结构具有重要的意义。本教材将不仅为该专业的学生，同时会为社会上从事风景园林设计的人员提供一本系统、全面的园林植物的参考书。

全国高校园林与风景园林专业规划推荐教材

观赏植物学

臧德奎　主编

出版时间：2012 年 11 月　开本：16 开本　页数：410　定价：49.00 元

标准书号：ISBN 978-7-112-14525-6　征订号：22570

【内容简介】本书为全国高校园林与风景园林专业规划推荐教材。内容包括绪论、总论和各论三部分。绪论介绍了该课程的研究内容和学习方法，以及我国观赏美植物资源的特点。总论主要从理论上讲授观赏植物的分类、习性和美学特性及造景应用形式，并针对城市规划、艺术设计等没有植物类先修课程基础的专业，结合专业特点增加了相关的植物形态解剖学知识。各论以种为单位，在编写格局上一般按照形态特征、分布与习性、繁殖方法、观赏特性及园林用途进行论述，共收录各类观赏植物900多种，其中重点介绍了478种，各地在讲授时可根据具体情况进行取舍。

高校建筑学专业指导委员会规划推荐教材
普通高等教育土建学科专业"十一五"规划教材

景观设计

刘晖　杨建辉　岳邦瑞　宋功明　编著

出版时间：2013 年 9 月　开本：16 开　页数：219　定价：49.00 元

标准书号：9-787-7-112-15045-8　征订号：24182

【内容简介】《景观设计》一书是为建筑学、风景园林及城市规划等专业的学生学习掌握景观设计基本原理和方法，并辅以相关设计训练而编写的教材。编写内容以景观认知的基本理念为基础，注重景观项目的设计思维方法和工作程序，强调不同意义的景观空间的设计原理和手法。本书针对自然和建成环境土地空间的营建，打开新的思路，并满足了应对时代发展，注重多学科认知，尊重地域性、基地自然和人文特征等方面的要求。

建筑速写快速入门 ABC

傅凯　著

出版时间：2013 年 8 月　开本：16 开　页数：51 定价：19.00 元

标准书号：9-787-7-112- 15516-3 征订号：24102

【内容简介】本书直接从建筑速写写生方法入手，以简明轻松的形式讲述建筑速写，包括构图、线条练习、观察方法、速写、默写等基本知识，并附有大量图例作品。让广大从事建筑学、城市规划设计、环境艺术设计、园林景观设计等专业的学生和从业人员能够通过建筑速写写生的学习，使他们不但能够在将来的设计上做到思维敏捷和激发设计创造力、表现力，同时为他们日后不断提高艺术修养埋下优良的种子，这颗种子只要遇到适时的阳光和水分，一定会开出灿烂而美丽的花朵，并芳香悠长。

演绎老天桥——2013 八校联合毕业设计作品

马英　周宇舫　许懋彦　张建龙
　　　　　　　　　　　　　　　　　　编
仲德　邹颖　龙灏　罗卿平

出版时间：2013 年 9 月　开本：16 开 页数：258 定价：99.00 元

标准书号：9-787-7-112- 15866-9 征订号：24623

【内容简介】本书记录了北京建筑大学、中央美术学院、清华大学、同济大学、东南大学、天津大学、重庆大学、浙江大学等八所学校建筑学专业本科毕业设计——"介入与激活：北京天桥演艺区重点地段城市设计与建筑设计"的教学内容。旧城改造与更新是我国城市、社会发展中的一项持续性的重要工作，也是一项复杂的、有相当大难度的研究课题。本次毕业设计就是针对如何处理历史保护与更新发展的矛盾，如何处理新老建筑的关系，如何在延续历史文脉、保持城市特色的同时，也能提升用地价值、复兴城市活力等问题进行思考和探讨。本次毕业设计从整体区域研究出发，通过现场调研、问题分析、项目策划，以小组形式完成城市设计方案和设计导则，小组成员每人选择其中一栋或一组单体建筑进行深化设计。毕业设计成果包括城市设计和建筑设计两个部分。

实践性 探索性 前瞻性 思想性

宁波博物馆
首届国际建筑师论坛（中国·宁波）

建筑与新型城镇化

International architect forum
国际建筑师论坛

国内学术召集人：
崔 愷 庄惟敏 张永和

主办单位：中国建筑工业出版社、中国建筑学会、宁波市人民政府
承办单位：宁波市住房和城乡建设委员会、宁波市规划局、宁波市文广新闻出版局、
　　　　　鄞州区人民政府、中国建筑工业出版社期刊年鉴中心
执行承办：宁波博物馆、鄞州区城市建设投资发展有限公司、《建筑师》杂志社
支持媒体：《建筑师》、《世界建筑》、《时代建筑》、《建筑学报》、
　　　　　《西部人居环境学刊》、《中国建筑教育》、《21世纪经济导刊》、
　　　　　中国建筑学会网站、ABBS建筑论坛、宁波当地媒体等

首届国际建筑师论坛论文征集

论坛背景：
中国快速城镇化发展已经历了相当长（至少30年）的历史，给中国带来了巨大的变化，改变了中国的城市面貌，改变了世界对中国的看法，也改变了规划师、建筑师从象牙塔走向现实的意识。今天，回顾这段历史，有经验、有教训，放慢脚步，走向中国城镇的深度发展——"新型城镇化"是必然、必须和必要之路。因此，拟于宁波召开"建筑与新型城镇化"为主题的国际建筑师（宁波）论坛。

论文征集目的：
从建筑师的视野对中国快速城镇化进行反思和研究，从宏观和微观、理念和操作、制度和技术等多个互相影响、互相关照的范畴，探索在资源相对欠缺、人口众多、国民经济欠发达等自然和社会条件下，并己经历过一段较长时期低水平快速城镇化建设之后，各种矛盾亟待解决、发展质量亟待提高的现实情境下的"新型城镇化"发展之路，以期为中国乃至世界更多的普通民众创建和美家园、和谐共存与发展指明方向，最终的成果是希望达成关于"新型城镇化"发展的共识（或宣言）。

学术主题框架：
学术主题：建筑与新型城镇化

子题一：中国城市发展与城镇化的建筑思考
　　　　城镇化发展研究
　　　　新型城镇化发展与走向

子题二：新型城镇化下的建筑设计探索
　　　　切入城市与塑造城市：
　　　　　建筑影响城市
　　　　　建筑承继传统
　　　　新型城镇化之路中建筑师的作用

子题三：建筑文化传承与保护

截止日期：
2013年11月10日

投稿Email：iaf@cabp.com.cn或344151705@qq.com

寄送地址：
首届国际建筑师论坛组委会
中国 北京市 海淀区 三里河路9号 住房和城乡建设部北配楼 北楼504 中国建筑工业出版社《建筑师》编辑部
边琨 收
邮编：100037 电话：010-58934667

《建筑师》为双月刊　　　国内刊号: CN11-5142/TU　　　邮发代号: 82-608　　　定价: 35元

2013《建筑师》全面改版

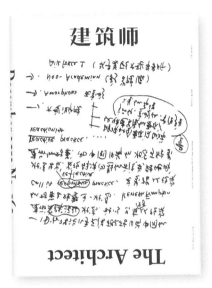

官方微博:　@建筑师杂志微博

淘宝直营店: http://shop67348776.taobao.com　　　官方博客: http://blog.sina.com.cn/chinaarchitect

联系人: 柳涛　　　电话: 010-5893-3828　　　136-8302-3711　　　QQ: 381200025

CHINA
ARCHITEC-
TURAL
EDUCATION

中国建筑教育

《中国建筑教育》诚挚感谢全国高等学校建筑学学科专业指导委员会、全国高等学校建筑学专业教育评估委员会，及全国各个建筑高等院校对我们的支持。

名单如下：

清华大学	武汉理工大学
同济大学	厦门大学
东南大学	广州大学
天津大学	河北工程大学
重庆大学	上海交通大学
哈尔滨工业大学	青岛理工大学
西安建筑科技大学	安徽建筑大学
华南理工大学	西安交通大学
浙江大学	南京大学
湖南大学	中南大学
合肥工业大学	武汉大学
北京建筑大学	北方工业大学
深圳大学	中国矿业大学
华侨大学	苏州科技学院
北京工业大学	内蒙古工业大学
西南交通大学	河北工业大学
华中科技大学	中央美术学院
沈阳建筑大学	福州大学
郑州大学	北京交通大学
大连理工大学	太原理工大学
山东建筑大学	浙江工业大学
昆明理工大学	烟台大学
南京工业大学	天津城建大学
吉林建筑大学	西北工业大学

……

（注：以上名单为建筑学专业评估通过院校，时间截止至２０１２年５月）